Lygia da Veiga Pereira

Células-tronco

Promessas e realidades

© LYGIA DA VEIGA PEREIRA, 2013

COORDENAÇÃO EDITORIAL Lisabeth Bansi
ASSISTÊNCIA EDITORIAL Paula Coelho, Patrícia Capano Sanchez
PREPARAÇÃO DE TEXTO Ana Catarina Miguel F. Nogueira
COORDENAÇÃO DE EDIÇÃO DE ARTE Camila Fiorenza
PROJETO GRÁFICO Camila Fiorenza
DIAGRAMAÇÃO Caio Cardoso, Cristina Uetake
COORDENAÇÃO DE REVISÃO Elaine Cristina del Nero
REVISÃO Maiza P. Bernadello
IMAGEM DE CAPA © Sebastian Kaulitzki/Shutterstock
ILUSTRAÇÕES Paulo Manzi
PESQUISA ICONOGRÁFICA Mariana Veloso Lima, Lourdes Guimarães
COORDENAÇÃO DE BUREAU Américo Jesus
TRATAMENTO DE IMAGENS Rubens M. Rodrigues
PRÉ-IMPRESSÃO Alexandre Petreca, Everton L. de Oliveira Silva,
Hélio P. de Souza Filho, Marcio H. Kamoto, Vitória Sousa
IMPRESSÃO E ACABAMENTO BMF Gráfica e Editora
LOTE 277228

Dados Internacionais de Catalogação na Publicação (CIP)
(Câmara Brasileira do Livro, SP, Brasil)

Pereira, Lygia da Veiga
Células-tronco: promessas e realidades / Lygia da Veiga
Pereira. – 1. ed. – São Paulo, Moderna, 2013. – Coleção Polêmica

ISBN 978-85-16-08508-7

1. Células-tronco 2. Células-tronco embrionárias - Pesquisa
3. Genoma humano 4. Pesquisa médica I. Título. II. Série.

13-01650   CDD-571.6072

Índices para catálogo sistemático:
1. Células-tronco : Pesquisas : Ciências da vida 571.6072

EDITORA MODERNA LTDA.
Rua Padre Adelino, 758 - Belenzinho
São Paulo - SP - Brasil - CEP 03303-904
Vendas e Atendimento: Tel. (11) 2790-1300
Fax (11) 2790-1501
www.modernaliteratura.com.br
2018

Impresso no Brasil

Células-tronco
Promessas e realidades

Lygia da Veiga Pereira

Bacharel em Física pela PUC-RJ. Ph.D. em Genética Molecular pela
City University of New York/Mount Sinai Graduate School, Nova York.
Pesquisadora do Centro de Pesquisa, Inovação e Difusão (CEDIP-FAPESP)
Centro de Terapia Celular da Faculdade de Medicina da USP-Ribeirão Preto.
Professora Titular e Chefe do Laboratório Nacional de Células-Tronco
Embrionárias do Instituto de Biociências da USP-SP.

Ilustrações de Paulo Manzi

1ª edição, São Paulo

2013

Sumário

Introdução

Em busca da vida eterna

Ao longo de nossa vida, vários órgãos e tecidos vão perdendo sua função – seja por causa de alguma doença, ou pelo processo natural de envelhecimento –, e assim teríamos a necessidade de repor esses tecidos, quase como um carro que precisa trocar peças quebradas. A medicina atual tenta resolver esse problema com os **transplantes de órgãos**, que, apesar de salvarem muitas vidas, apresentam grandes limitações. A primeira é a nossa incapacidade de transplantar alguns órgãos/tecidos, como os dos sistemas nervoso e muscular, por exemplo. A segunda limitação é a oferta limitada de órgãos/tecidos para transplantes, que atualmente vêm de doadores. Esses atendem somente a 5-10% da demanda – ou seja, até 95% dos pacientes que precisariam da reposição/regeneração de algum tecido do corpo não são atendidos.

Existe então a necessidade de novas fontes de órgãos/tecidos para transplantes, e a ciência vem trabalhando no desenvolvimento de várias estratégias diferentes. Uma delas é a construção de **órgãos artificiais** – uma união da engenharia com as ciências biomédicas na tentativa de criar máquinas que substituam a função de órgãos. Para um órgão como o coração, basicamente uma bomba que faz o sangue circular pelo corpo, essa estratégia teve algum sucesso – já existem corações artificiais capazes de manter uma pessoa viva por alguns meses. Conseguimos também reproduzir a função dos rins, apesar do desconforto das hemodiálises, em que o paciente passa horas ligado a uma máquina que filtra seu sangue, várias vezes por semana. Porém, órgãos com funções bioquímicas complexas, como um fígado ou um pâncreas, serão muito mais difíceis de serem reproduzidos mecanicamente.

Outra estratégia é o uso de **órgãos de animais**, mais especificamente de porcos, cujos órgãos têm tamanho e fisiologia parecidos com os nossos. Por exemplo, pele de porco pode ser usada para o tratamento de queimaduras de 3º grau, e células do pâncreas desse mesmo animal para o tratamento de diabetes em humanos. Porém, além do aspecto psicológico de ter células/tecidos de outros animais no corpo, que incomoda muitos pacientes, outro obstáculo ao uso do chamado xenotransplante (*xeno*, do grego, significa "estrangeiro") diz respeito à rejeição das células transplantadas.

O nosso **sistema imunológico** consiste das células do sangue que nos protegem contra agentes externos ao nosso corpo, como, por exemplo, vírus e bactérias. Em um transplante, o sistema imunológico pode reconhecer o órgão transplantado como um inimigo, e atacá-lo. Para se evitar isso, antes de se realizar um transplante verificamos se o doador é imunologicamente parecido, ou compatível, com o receptor. Se num transplante de órgãos entre duas pessoas já é difícil encontrar um doador compatível, cujo órgão não seja "estranhado" pelo sistema imunológico do receptor, imaginem no caso do transplante de um órgão de outra espécie animal.

Para se evitar a rejeição nos xenotransplantes, alguns grupos trabalham na geração de porcos geneticamente modificados de forma a serem compatíveis com seres humanos: esses animais serviriam de doadores universais de órgãos. Já foram criados alguns desses porcos "invisíveis" ao nosso sistema imunológico, e existem estudos em andamento da viabilidade do transplante de coração desses animais em macacos.

Contudo, mesmo resolvendo a questão psicológica e a mais grave, imunológica, resta ainda outro risco importante. O contato tão íntimo entre órgãos de porco e o ser humano pode facilitar a transformação de vírus que originalmente só infectavam esse animal em vírus que ataquem também humanos. Esta é, aliás, a hipótese mais aceita sobre a origem do vírus HIV, causador da Aids. Existe um vírus muito similar, chamado SIV, que infecta somente macacos. O HIV teria evoluído a partir do SIV em populações africanas que tinham contato com sangue de macaco, tornando-se capaz de infectar humanos. Assim, se o transplante de órgãos suínos pode potencialmente resolver a questão da oferta limitada de órgãos, ele cria este risco importante de biossegurança que deve ser controlado.

Finalmente, outra estratégia para resolvermos o problema da demanda por órgãos e tecidos para transplantes é a chamada **engenharia de tecidos**. Qualquer órgão é um sistema muito complexo, formado por diferentes tipos de células, organizadas de forma específica para seu correto funcionamento. Pois bem, em vez de tentar criar um órgão completo no laboratório, a engenharia de tecidos pretende criar células humanas de diferentes órgãos/tecidos que, quando transplantadas, levariam à regeneração desses órgãos no paciente. E é nesse contexto que surgem as células-tronco (CT), células-coringa que podem se multiplicar e dar origem a neurônios, células de músculo, de fígado, de pâncreas ou de sangue, entre outras, e assim tratar diferentes doenças humanas.

Neste livro serão apresentados os diferentes tipos de células-tronco, suas vantagens e suas limitações, e como podemos usá-las para terapia e para a pesquisa. Para aqueles que quiserem ler os artigos científicos originais descrevendo pontos-chave desta área, foram inseridas suas referências ao longo do texto. E para complementar as figuras ilustrativas, o livro ainda contém ícones indicando vídeos que mostram células em ação.

Mas antes de nos aprofundarmos nas células-tronco, vamos lembrar como aquelas células todas se organizaram para formar uma pessoa.

Desenvolvimento do embrião

O desenvolvimento de um novo ser humano inicia-se com a **fecundação** de um óvulo por um espermatozoide, resultando na primeira célula daquele indivíduo. Os núcleos do óvulo e do espermatozoide contêm os genes maternos e paternos, respectivamente, as instruções que guiam a formação e o funcionamento de um ser vivo. Na fecundação, esses dois núcleos se fundem, juntando as instruções maternas e paternas em um conjunto inédito de genes – o **genoma** de um novo indivíduo. Esse genoma será lido como uma receita por aquela célula e suas descendentes; as instruções escritas em cada gene serão executadas de forma a gerar aquele novo ser vivo com todas as suas características específicas (Figura 1a).

A partir daí, seguindo as instruções de seus genes, aquela primeira célula se divide em duas, essas duas em quatro, as quatro em oito, e assim por diante, até chegar aos trilhões de células que compõem uma pessoa adulta. E, a cada divisão celular, o genoma formado na fecundação é copiado inteiro e passado para cada uma das células-filhas. Dessa forma, com exceção dos óvulos e dos espermatozoides, cada uma dos nossos trilhões de células contém uma cópia completa do nosso genoma.

No quarto dia do desenvolvimento o embrião humano é um conglomerado amorfo de 16 a 30 células idênticas e ainda não se implantou no útero (Figura 1a). No quinto dia, o embrião já contém aproximadamente 100 células e é chamado de **blastocisto**. Nesse estágio do desenvolvimento, algumas células já desenvolveram características diferentes, e assim as células do blastocisto se dividem basicamente em dois grupos: as que formarão os tecidos extraembrionários, como a placenta, e as células que formarão o embrião, que chamamos de botão embrionário.

Em um ou dois dias, o blastocisto se expande, implanta-se no útero e inicia um complexo processo de divisões celulares. A partir desse momento, e em etapas progressivas, as células do embrião começam a adquirir forma e função específicas, em um processo chamado **diferenciação** (Figura 1b).

Diferenciar-se significa tornar-se diferente. A diferenciação celular é exatamente o processo em que células idênticas se tornam diferentes umas das outras. Lembre-se de que essas poucas células deverão dar origem a todas as estruturas do recém-nascido, desde neurônios e músculos até pele, fígado e sangue. Se este processo de especialização não se der de uma forma muito organizada, não conseguirá gerar um ser humano funcional.

Assim, a primeira etapa da diferenciação divide as células do embrião em três grandes grupos chamados endoderma, ectoderma e mesoderma (Figura 1b), e nas células germinativas. À medida que o embrião se desenvolve, as células de cada um desses grupos vão se multiplicando e se especializando cada vez mais, de modo que das células do endoderma será gerado todo o sistema digestivo, o fígado, o pâncreas, os rins e os pulmões.

FIGURA 1 – **Desenvolvimento do embrião humano**

(a)

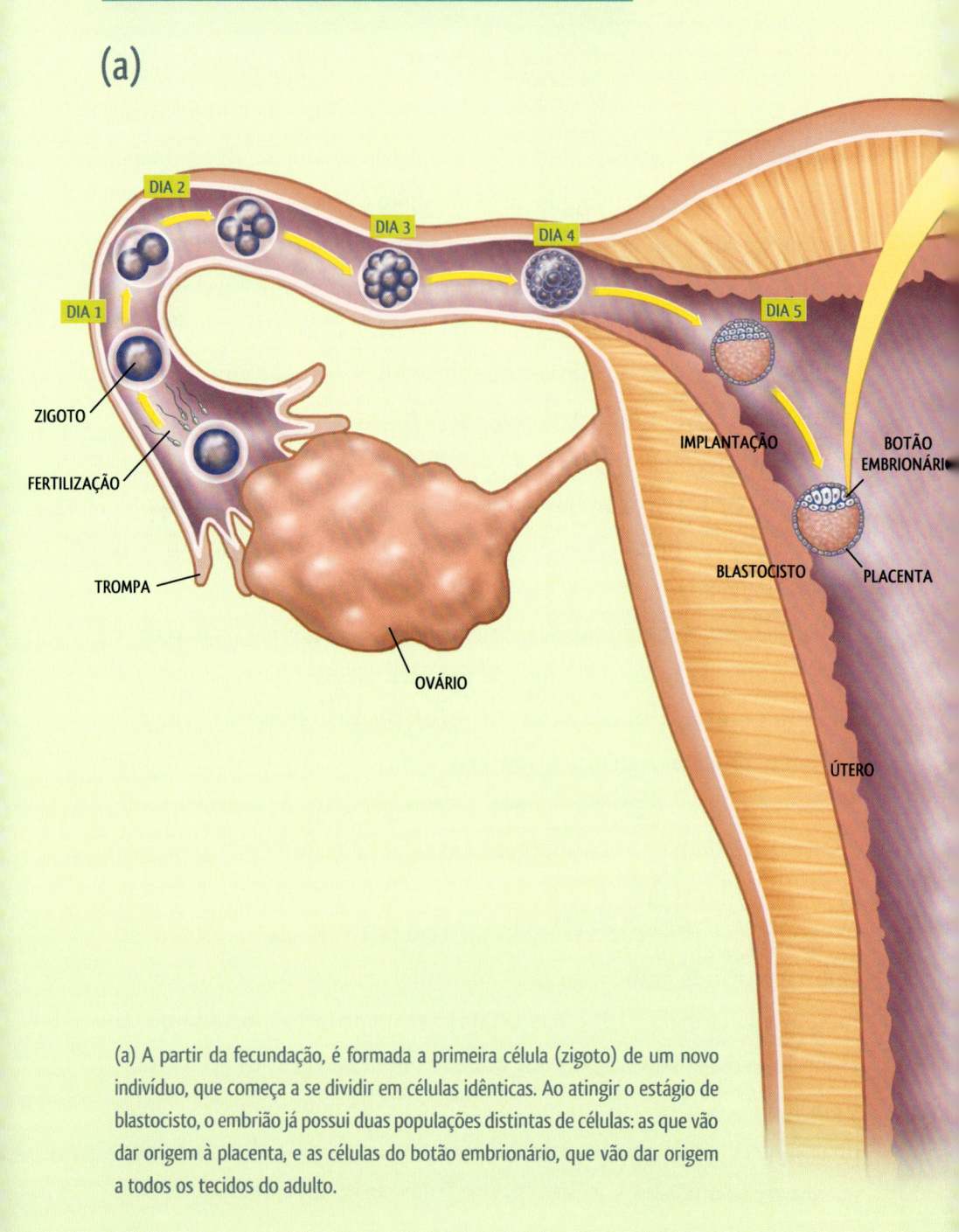

(a) A partir da fecundação, é formada a primeira célula (zigoto) de um novo indivíduo, que começa a se dividir em células idênticas. Ao atingir o estágio de blastocisto, o embrião já possui duas populações distintas de células: as que vão dar origem à placenta, e as células do botão embrionário, que vão dar origem a todos os tecidos do adulto.

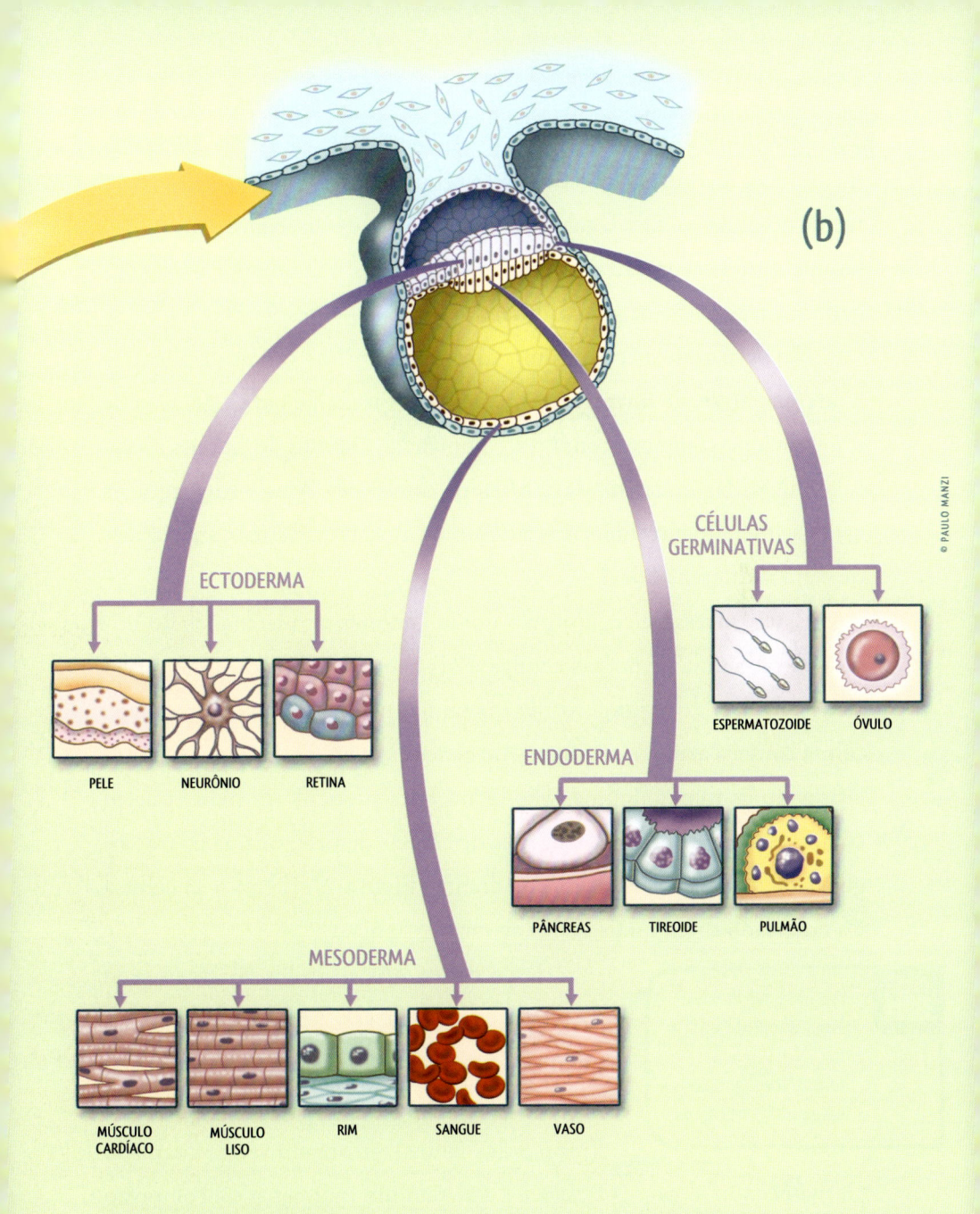

(b)

ECTODERMA

PELE NEURÔNIO RETINA

CÉLULAS GERMINATIVAS

ESPERMATOZOIDE ÓVULO

ENDODERMA

PÂNCREAS TIREOIDE PULMÃO

MESODERMA

MÚSCULO CARDÍACO MÚSCULO LISO RIM SANGUE VASO

© PAULO MANZI

(b) Ao se implantarem no útero, as células do embrião seguem se multiplicando, e se dividem em quatro grupos: ectoderma, mesoderma, endoderma e células germinativas.

As células do ectoderma darão origem à pele e ao sistema nervoso, incluindo a medula e o cérebro. Já as células do mesoderma formarão o tecido conjuntivo, cartilagens, ossos, músculos e o sistema cardiovascular, incluindo o coração e as células sanguíneas. Finalmente, as células germinativas darão origem às gônadas (ovários ou testículos).

Ou seja, aquelas células inicialmente idênticas vão multiplicar-se e diferenciar-se, de forma extremamente organizada, para a geração de um indivíduo complexo como o ser humano, composto de trilhões de células divididas em mais de 200 tipos diferentes. Mas como aquelas células inicialmente idênticas adquirem as características específicas de células diferenciadas?

Esse processo é regido pelo nosso genoma, as instruções no núcleo de cada uma de nossas células. Pois bem, à medida que o embrião se desenvolve, de alguma forma que ainda não compreendemos, cada célula começa a ativar conjuntos de genes específicos, instruções específicas do genoma: algumas vão ligar genes particulares para virarem células de sangue; outras, os genes de células de pele; outras ligarão os genes de neurônios, e assim por diante (Figura 2). E como as células do embrião sabem quais genes ativar?

Veja um vídeo do desenvolvimento do *C. elegans* em <http://www.ib.usp.br/lance.usp/livroct/video1>

Esse é um dos grandes mistérios da Biologia, e, a meu ver, um dos mais fascinantes. Para estudá-lo, cientistas recorrem a organismos mais simples, como a drosófila (mosca-das-frutas), ou até um verme chamado *Caenorhabditis elegans* (*C. elegans*), que tem um milímetro e é composto de aproximadamente mil células. Nesse verme, por ser tão simples e, além disso, transparente, conseguimos estudar o desenvolvimento mais facilmente, a ponto de termos estabelecido um mapa detalhado de sua formação, da primeira célula ao indivíduo adulto.

FIGURA 2 – Identidade de cada tipo de célula

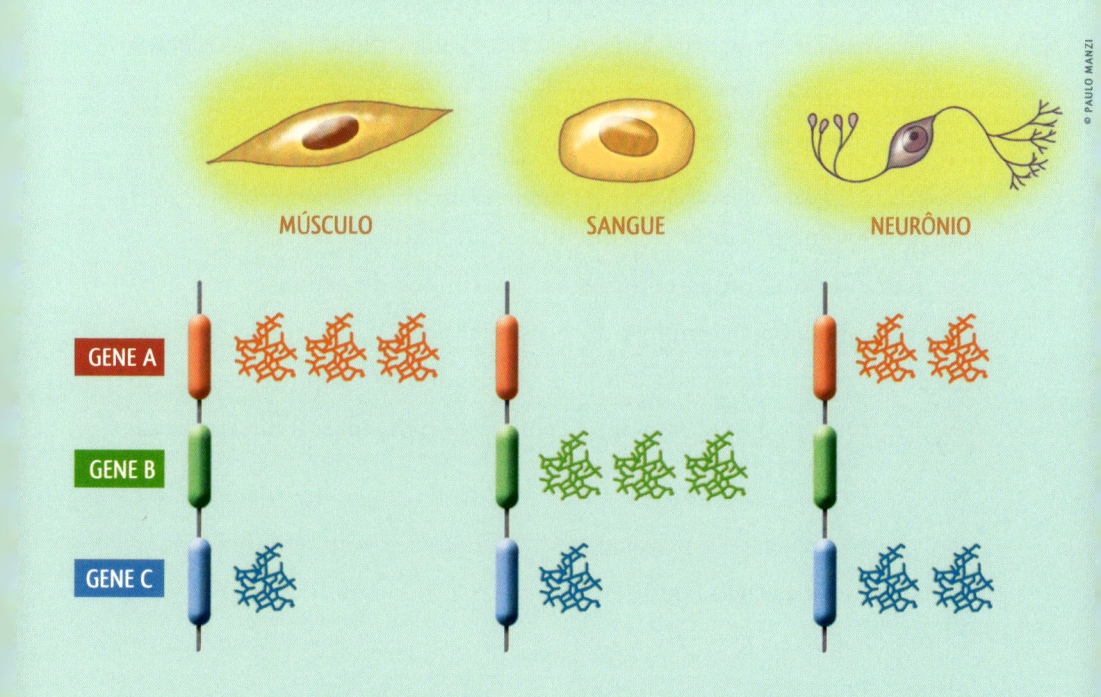

Todas as células de nosso corpo possuem em seu núcleo um genoma completo. Porém, em cada tipo de célula, somente um subconjunto de genes está ativado, dadas as características específicas de cada tipo celular.

Mas o que o desenvolvimento desse verme ou da mosquinha tem a ver com o de um ser humano?

Ambos se iniciam com a fecundação, e seguem com a multiplicação de células, inicialmente idênticas, que em algum momento se diferenciam em células especializadas. É como se, antes de tentar entender como construir um edifício de 100 andares, o engenheiro em formação começasse estudando como fazer uma casa de um andar. As mesmas leis básicas da Física que se aplicam à construção daquela casa se aplicarão à construção do edifício, mas é mais simples aprendê-las com a casinha e depois passar para construções mais complexas.

Da mesma forma, mecanismos básicos identificados no *C. elegans* ou na drosófila reproduzem-se, ainda que de forma mais complexa, no desenvolvimento de mamíferos como o camundongo e os humanos. E, assim, os conhecimentos obtidos naqueles modelos experimentais nos ajudam a entender o desenvolvimento embrionário do ser humano.

Resumindo: somos compostos de trilhões de células, cada uma contendo uma cópia completa do nosso genoma. E, de acordo com sua função no organismo, cada célula terá ativado um conjunto específico de genes, tornando-se, assim, uma célula especializada, ou diferenciada.

Uma breve introdução à cultura de células

Se as nossas células possuem um genoma completo em seu núcleo, elas são capazes de se multiplicar fora do nosso corpo?

Sim, mas somente se lhes dermos condições adequadas para isso, ou seja, nutrientes, temperatura e atmosfera que de alguma forma reproduzam seu ambiente no organismo. Desde o século XIX cientistas pesquisavam como fazer isso, e foi no início do século XX que surgiram as chamadas técnicas de **cultura de células** – um processo complexo pelo qual conseguimos fazer células crescerem fora do organismo, no laboratório.

Culturas de células podem ser estabelecidas a partir de pequenos fragmentos de pele, sangue, fígado, músculo e outros tecidos. Os fragmentos são colocados em frascos com um líquido cheio de nutrientes, o chamado **meio de cultura**. Esses frascos são mantidos à temperatura de 37 °C em estufas contendo uma mistura de gases (CO_2 e O_2). Assim, as células daqueles tecidos começam a multiplicar-se, crescendo para fora do fragmento inicial e espalhando-se pelo frasco (Figura 3).

Veja um vídeo de células crescendo a partir de uma biópsia de pele em <http://www.ib.usp.br/lance.usp/livroct/video2>

FIGURA 3 – Cultivando células no laboratório

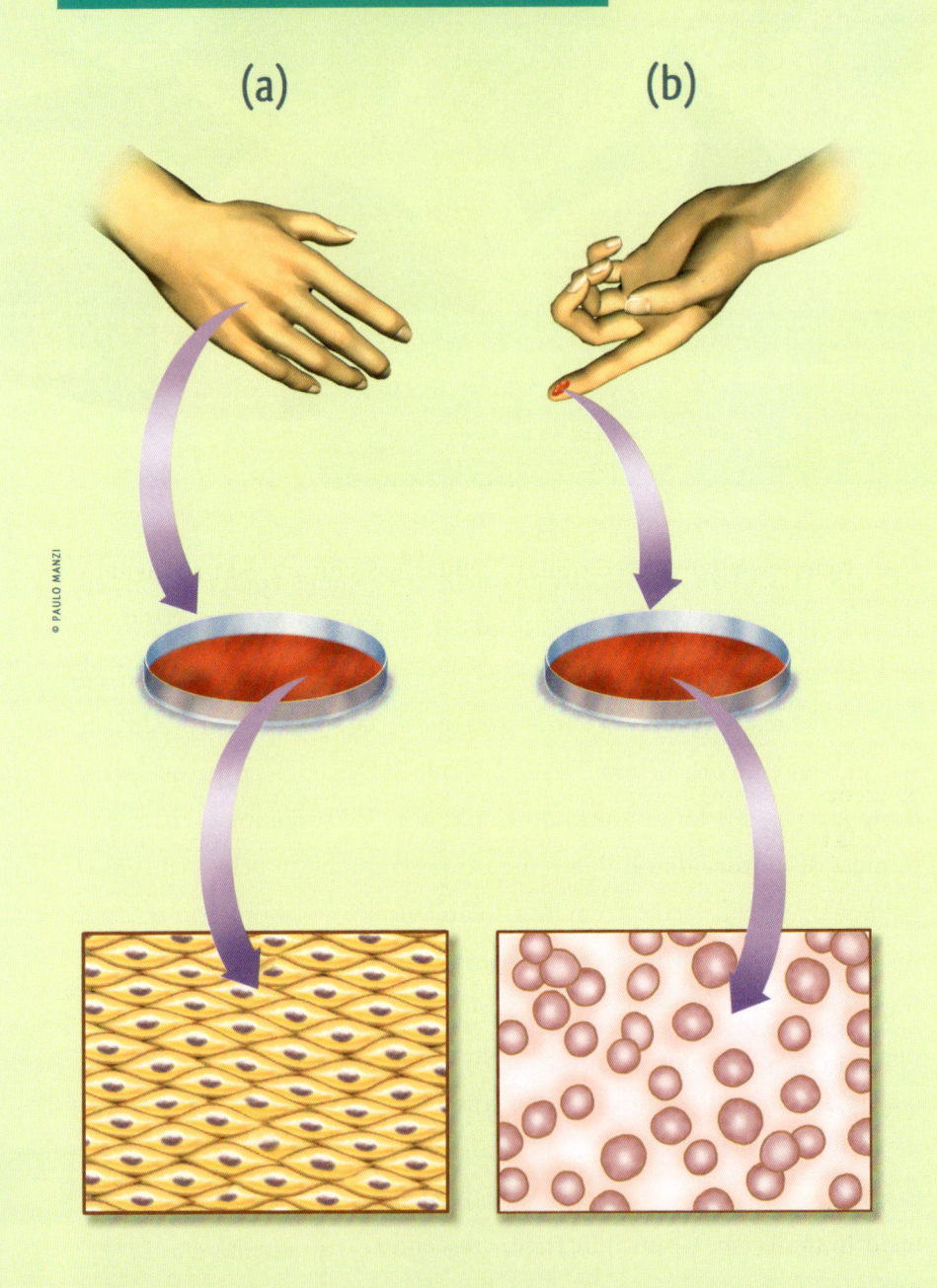

© PAULO MANZI

Células humanas podem ser multiplicadas em frascos de cultura e observadas ao microscópio: (a) células de pele; (b) células de sangue.

As células do sangue vivem em suspensão no nosso corpo, e é assim que elas também crescem na cultura de células dentro dos frascos. Já células de tecidos sólidos, como pele, músculo e fígado, crescem aderidas ao frasco de cultura. E cada tipo de célula requer um meio de cultura específico, com quantidades variadas de açúcares, proteínas e outros nutrientes e fatores de crescimento. Aliás, um dos grandes desafios da cultura de células é desenvolver um meio de cultura adequado para o crescimento do tipo celular desejado.

A capacidade de cultivarmos células no laboratório permitiu grandes avanços em pesquisa e em medicina. É nessas culturas de células que multiplicamos vírus para a produção de vacinas, como a da poliomielite. A partir dessas células em cultura também podemos produzir proteínas importantes, como a insulina para diabéticos.

Mas se podemos multiplicar células em cultura está resolvido o problema da demanda por tecidos para transplantes – é só tirar um pedacinho do tecido desejado e cultivar as células para produzir quantidade suficiente para um transplante. Em teoria, sim, mas, na prática, as células da pele, por exemplo, multiplicam-se em cultura por algumas gerações, e depois param de crescer. O mesmo acontece com todos os outros tecidos que tentamos cultivar – as células já especializadas, diferenciadas, multiplicam-se algumas vezes e depois param. E, pior, aquelas que não param de crescer em geral é porque perderam a capacidade de controlar sua multiplicação, e no organismo dariam origem a um tumor.

Mas essa limitação da proliferação de células em cultura é uma questão técnica – ainda não descobrimos as condições ideais de cultivo celular? Ou é uma questão biológica – as células do nosso corpo de fato não se multiplicam para sempre?

Sim, a grande maioria das células no nosso corpo tem uma capacidade limitada de proliferação. Porém, existe um grupo especial de células que podem multiplicar-se quase indefinidamente, e que são as responsáveis pela manutenção de nossos órgãos e tecidos: as células-tronco.

3

Regeneração e células-tronco

Ao longo da vida, nosso corpo está continuamente repondo células de vários tecidos e órgãos. Vejam o exemplo do sangue: esse tecido é continuamente produzido, a ponto de podermos doar sangue periodicamente – a cada dia produzimos em torno de 100 bilhões de novas células do sangue! Todos os nossos órgãos estão em constante regeneração: células morrem e devem ser substituídas por novas células. Alguns, como pele, intestino e fígado, de forma mais acentuada do que outros. Assim, devem existir no nosso corpo células ainda não diferenciadas, ou especializadas, que possam assumir a identidade de células desses diferentes tecidos.

Célula-tronco (CT) é uma célula com (1) capacidade de proliferação prolongada ou ilimitada – ou seja, capaz de se dividir muitas vezes, gerando células idênticas a ela mesma.

Além disso, ao receber algum estímulo externo, a CT (2) é capaz de dar origem a um tipo de célula mais diferenciada. Assim, a CT é uma matriz a partir da qual podem ser geradas células diferenciadas, ao mesmo tempo que se mantém um estoque de células matrizes.

FIGURA 4 – O que é uma célula-tronco?

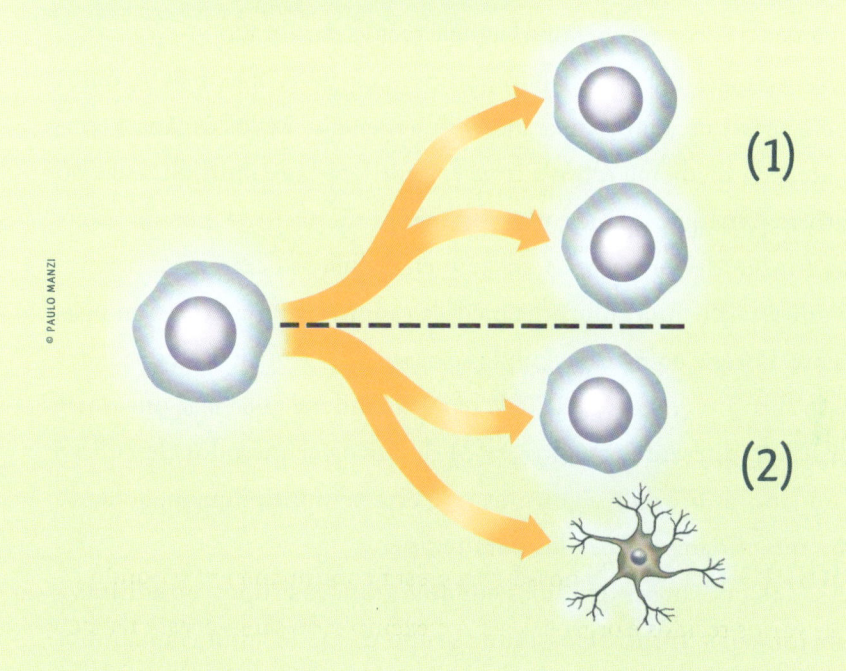

(1)

(2)

Para ser considerada uma célula-tronco, a célula deve ser capaz de (1) se dividir em células idênticas; e (2) dar origem a diferentes tipos de célula.

As CTs responsáveis pela manutenção de todos aqueles órgãos, repondo as células perdidas, são chamadas de **células-tronco tecido-específicas** – elas têm a capacidade de dar origem somente a células daquele tecido, seja ele pele, sangue, coração ou até cérebro. Essas CTs podem ficar dormentes, sem se dividir, por longos períodos, até que haja a necessidade de repor células daquele tecido – nesse momento, as CTs se multiplicam e se diferenciam, gerando células mais especializadas do respectivo tecido. Quando sofremos um corte, por exemplo, células-tronco da pele começam a se dividir e gerar todos os tipos de células que compõem a nossa pele: os queratinócitos (células com pigmento, que dão cor à nossa pele), as células da epiderme e as células dos folículos capilares. E assim cicatrizamos o corte, regeneramos aquele tecido danificado.

Ora, se essas CTs já existem no nosso corpo e, apesar de não nos tornarem imortais, têm a capacidade de regenerar vários órgãos e tecidos, a ideia da medicina regenerativa é identificá-las e multiplicá-las no laboratório para que, quando transplantadas no paciente, possam exercer sua função de forma mais eficaz e em situações extremas, regenerando um coração infartado, uma medula espinhal rompida, ou um fígado doente. Porém, como essas células existem em pequenas quantidades no nosso corpo, o grande desafio da terapia celular é (1) conseguir isolar essas CTs de diferentes tecidos, e (2) desenvolver métodos de cultivo para, no laboratório, conseguirmos que elas se multipliquem, gerando grandes quantidades de células para terapia.

As CTs podem ser divididas em dois grandes grupos: as **adultas** e as **embrionárias**. Dentro do grande grupo das CTs adultas incluímos aquelas derivadas de qualquer tecido de um indivíduo após o nascimento. Assim, as CTs do sangue do cordão umbilical ou da placenta de um recém-nascido, por exemplo, inserem-se no grupo "adulto". Mas por que dividir as células-tronco em dois grupos? Quais são as diferenças entre CTs adultas e CTs embrionárias? Vamos a elas.

Células-tronco adultas

4.1 Medula óssea

CÉLULAS-TRONCO HEMATOPOIÉTICAS – NOSSA FÁBRICA DE SANGUE

As CTs que conhecemos há mais tempo são as da medula óssea, células que residem no interior dos nossos grandes ossos, descobertas na década de 1950: as **CTs hematopoiéticas**. Essas células-tronco dão origem a todos os tipos de células que compõem o sangue, como as células do sistema imunológico, as que transportam oxigênio e as responsáveis pela coagulação do sangue (Figura 5a). Assim, as CTs hematopoiéticas são classificadas como **CTs multipotentes**, CTs capazes de se diferenciar em diferentes tipos celulares da mesma origem embrionária, neste caso do mesoderma.

É graças às CTs hematopoiéticas que o sangue tem uma grande capacidade de regeneração, a tal ponto que podemos doar sangue de tempos em tempos. E quando uma pessoa tem alguma doença grave que envolva o sangue, como, por exemplo, uma leucemia ou algum tipo de anemia, ela pode fazer um transplante de CTs da medula óssea. O transplante envolve primeiro a destruição por quimioterapia e radiação

FIGURA 5 – **Células-tronco da medula óssea**

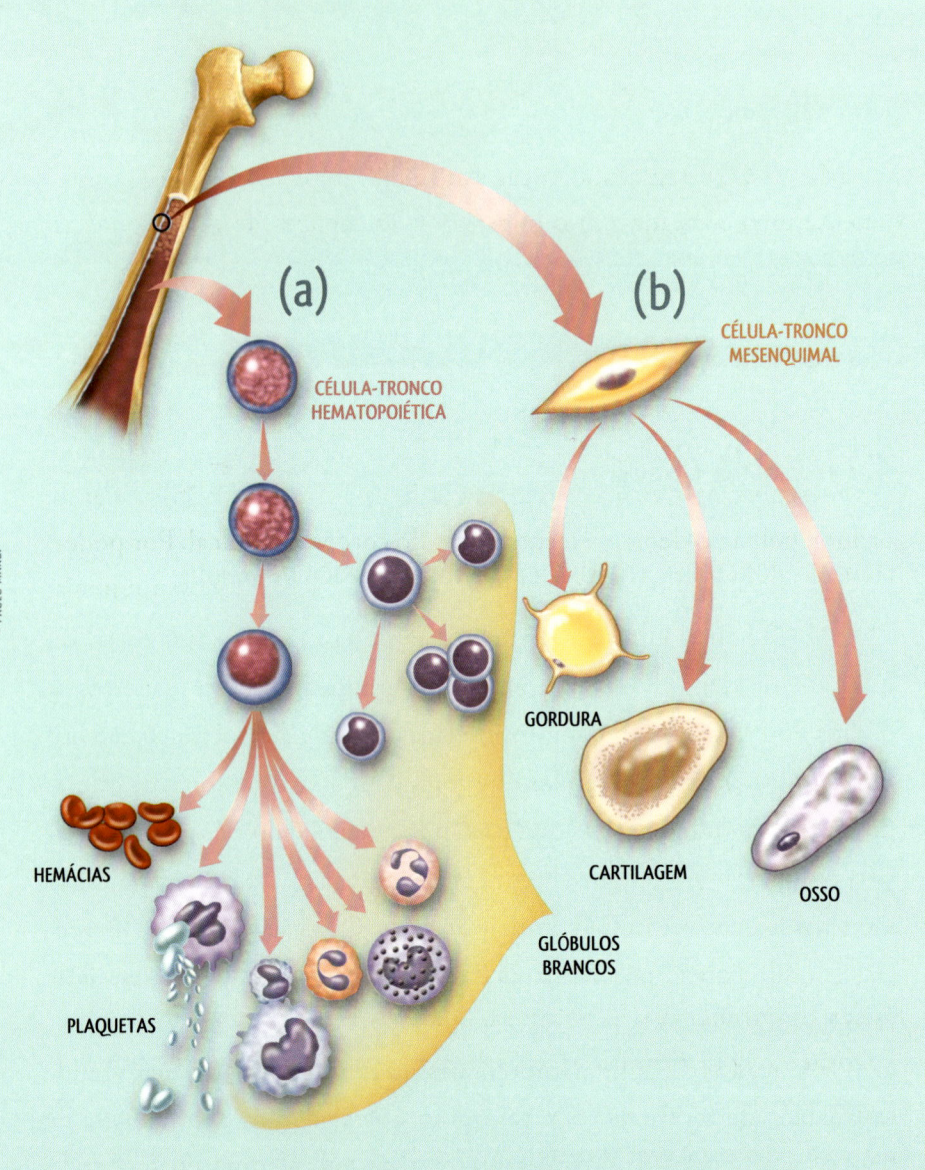

No interior dos grandes ossos encontram-se (a) as células-tronco hematopoiéticas, que dão origem a todas as células que compõem o sangue; e (b) as células-tronco mesenquimais, que dão origem a osso, cartilagem e gordura.

das suas CTs hematopoiéticas doentes, e em seguida a infusão de CTs da medula óssea de um doador saudável. Essas últimas passarão a produzir sangue normal no paciente.

OUTRAS CÉLULAS DA MEDULA ÓSSEA – CÉLULAS-TRONCO MESENQUIMAIS

Mas as CTs hematopoiéticas são células raras – na medula óssea, somente uma em cada mil células são CTs capazes de gerar todas as células do sangue. Então, o que são as outras células da medula óssea?

Outro tipo de CTs também presente na medula óssea são as chamadas **CTs mesenquimais**, que servem de suporte às CTs hematopoiéticas durante a formação do sangue e são capazes de se diferenciar em células de osso, cartilagem e gordura (Figura 5b). Hoje sabemos que CTs mesenquimais estão presentes também em outros tecidos, como gordura, polpa do dente, placenta e veia do cordão umbilical. Por poderem dar origem a osso, cartilagem e gordura, essas CTs mesenquimais são também CTs multipotentes.

CÉLULAS-TRONCO HEMATOPOIÉTICAS E A REGENERAÇÃO DE ÓRGÃOS

No final da década de 1990, a partir de experimentos em modelos animais, começaram a surgir evidências de que entre as CTs da medula óssea poderiam existir células capazes de regenerar órgãos como o coração, o fígado e até o sistema nervoso.

Em um desses trabalhos, de 2001, para testar a versatilidade das células da medula óssea, pesquisadores nos EUA fizeram o seguinte experimento: purificaram as CTs hematopoiéticas da medula de um camundongo doador, injetaram essas células em um animal recipiente cuja medula óssea havia sido destruída, e depois foram analisar em quais órgãos as células injetadas tinham ido parar (Figura 6) [1]*.

---

* Os números entre colchetes referem-se aos títulos citados nas Referências bibliográficas, nas páginas 118 a 120.

FIGURA 6 – **Testando a versatilidade das células-tronco hematopoiéticas**

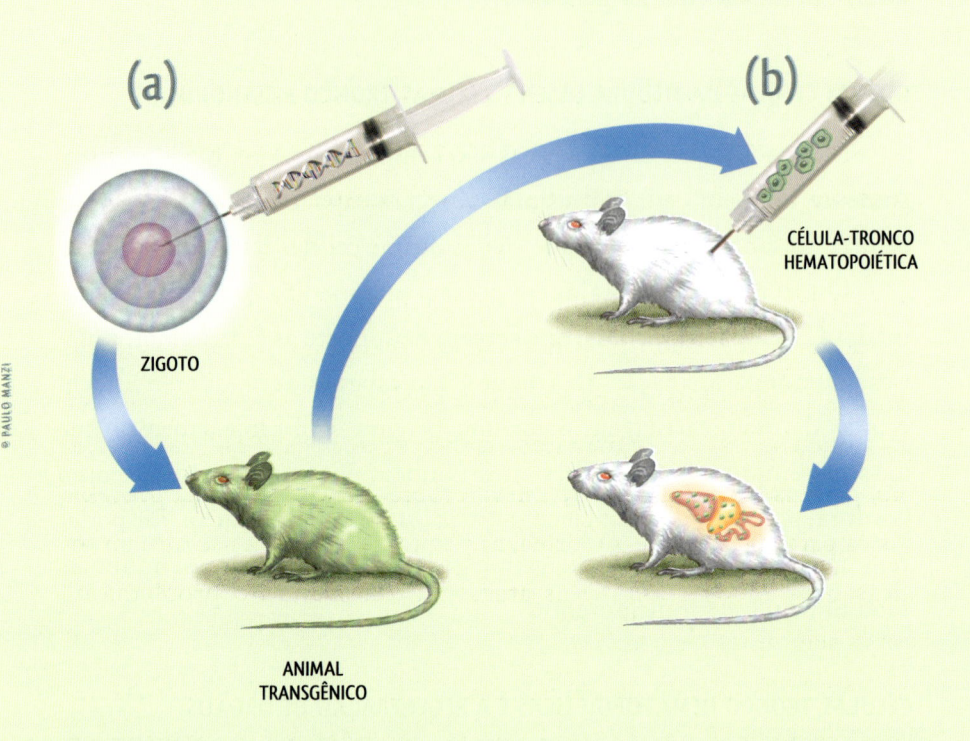

© PAULO MANZI

(a) Produção de um camundongo transgênico: o gene GFP é injetado no embrião do camundongo, incorporando aí seu genoma, fazendo o animal resultante produzir a proteína fluorescente em suas células; (b) Células-tronco hematopoiéticas do camundongo-GFP injetadas em um animal normal foram encontradas em vários órgãos diferentes.

Mas como saber qual célula vem da medula óssea do doador e qual já era do animal receptor? Utilizando como doadores animais transgênicos, animais que contenham algum gene diferente em seu genoma, introduzido por intervenção humana.

Na década de 1980 foram desenvolvidas várias técnicas de "corte e costura" de DNA, a chamada tecnologia do DNA recombinante. Com esses métodos, conseguimos isolar um gene qualquer de uma espécie, seja ela uma bactéria, uma mosca, uma planta ou um ser humano, e inseri-lo no genoma de outra espécie (Figura 6a).

Para que introduzir um gene de uma espécie em outra? Um gene é uma instrução da receita de um ser vivo, do seu genoma. Cada gene confere uma característica específica aos seres vivos. Por exemplo, o gene *neo*, de bactérias, é responsável pela resistência de algumas bactérias ao antibiótico neomicina; o gene *F9* em seres humanos produz o fator IX de coagulação, essencial para a coagulação do sangue; e assim por diante. Conhecendo a função dos genes, podemos, com as técnicas de transgênese, inserir um gene de interesse em uma espécie para que ela passe a ter uma nova característica desejada – por exemplo, plantas com um gene de um micróbio que produz uma proteína tóxica para lagartas. Dessa forma, as plantas transgênicas se tornam tóxicas para as lagartas que as atacavam, resolvendo o problema da praga sem o uso de agrotóxicos.

Voltando às CTs, a maioria dos estudos com as CTs adultas utilizava como doadores de medula óssea camundongos transgênicos, em especial animais contendo o gene *GFP* da água-viva, responsável pela produção de uma proteína fluorescente verde – essa proteína é de fácil visualização, e por isso o gene *GFP* é muito utilizado para marcarmos células que nos interessam. Logo, as células da medula óssea dos camundongos-GFP são fluorescentes, assim como qualquer célula que derive delas. Ao utilizar esses animais transgênicos como doadores de células da medula óssea, podemos depois detectá-las no animal receptor pela sua fluorescência (Figura 6b).

Daqueles animais transplantados com a medula óssea transgênica/fluorescente, uma fração sobreviveu, e teve sua medula óssea regenerada a partir das células transplantadas, que se multiplicaram e deram origem às células do sangue daqueles animais – até aí, nenhuma novidade: CT hematopoiética, da medula óssea, produz sangue.

O mais interessante vem agora: algum tempo depois, os animais transplantados foram sacrificados, e os pesquisadores procuraram neles onde estavam células fluorescentes – ou seja, células derivadas das CTs hematopoiéticas injetadas em cada animal. Apesar de grande parte das células fluorescentes estarem na medula óssea dos animais receptores, para surpresa de todos foi detectada uma pequena fração dessas células em vários outros órgãos, como pulmão, intestino e pele. Esse resultado indicou que as CTs hematopoiéticas podiam dar origem não só às células do sangue, mas também tinham a capacidade de se diferenciar em todos aqueles outros órgãos – as CTs hematopoiéticas seriam **CTs pluripotentes**, capazes de dar origem a qualquer tipo de célula do adulto, a células derivadas de endoderma, ectoderma e mesoderma (Figura 6b).

Isso foi uma enorme surpresa para os pesquisadores. Até então achávamos que na medula óssea só existiam células capazes de dar origem a sangue, ou a osso, cartilagem e gordura. A possibilidade de existirem CTs mais versáteis na medula óssea aumentaria tremendamente o potencial terapêutico daquele tecido, até então utilizado somente para o tratamento de doenças do sangue. Assim, começaram os experimentos em modelos animais de várias doenças, avaliando-se a capacidade terapêutica das CTs da medula óssea no tratamento das mesmas. Células da medula óssea foram injetadas em animais infartados, com hepatite, com enfisema pulmonar, e até com doenças neurológicas, na tentativa de se demonstrar o efeito terapêutico das células da medula para essas diversas doenças.

Essa foi uma fase muito interessante das pesquisas com CTs adultas, em que artigos publicados em revistas importantes mostravam que, em modelos animais, as CTs de medula óssea tinham alguma capacidade de regenerar diferentes órgãos. Células da medula óssea de um camundongo normal, quando injetadas no músculo cardíaco de um animal infartado, transformavam-se em células de músculo. Ou quando injetadas no fígado de um camundongo cirrótico, essas mesmas células agora se transformavam em hepatócitos – células do fígado.

Notem que nesses estudos em geral injetava-se nos animais doentes a medula óssea não purificada. Ou seja, injetava-se uma mistura de muitas células da medula óssea, incluindo as CTs hematopoiéticas e mesenquimais, e muitos outros tipos de células pouco caracterizadas que também habitam a medula. E essa estratégia dificultou entendermos exatamente como aquelas células estavam exercendo a melhora clínica observada. Voltarei a esse ponto mais tarde.

4.2 Autorregeneração

Outras indicações da existência de CTs mais versáteis na medula óssea vieram de estudos em seres humanos. Em um deles, de 2002, foram analisados homens transplantados com coração de doadoras mulheres (Figura 7) [2]. O que há de especial nesses pacientes?

Do ponto de vista do genoma humano, dos nossos genes, os homens diferem das mulheres pela presença do cromossomo Y – um pedaço do genoma humano que só existe em homens. Os pacientes nesse estudo eram homens cujas células do coração não têm o cromossomo Y, já que o coração veio de uma mulher. Utilizamos esse truque para sabermos quais células eram do doador, e quais eram do receptor.

Pois bem, alguns meses após o transplante, foram feitas biópsias do músculo cardíaco desses pacientes, e para surpresa dos pesquisadores, naqueles fragmentos de músculos de corações femininos, foram encontradas até 12% de células com o cromossomo Y. Ora, essas células com um Y no coração transplantado não podiam vir do coração original daqueles homens, que havia sido retirado no transplante. Logo, células não cardíacas do paciente, contendo o cromossomo Y, migraram para o coração transplantado e se transformaram em novo músculo cardíaco.

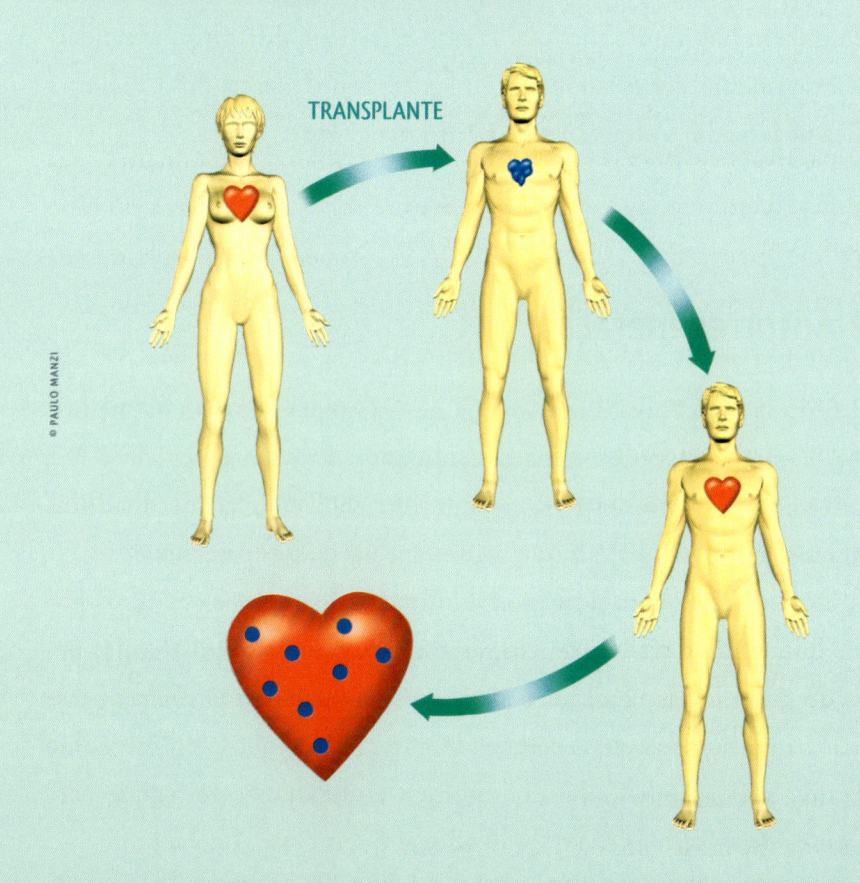

FIGURA 7 – **Autorregeneração do coração**

TRANSPLANTE

© PAULO MANZI

Depois de alguns meses, homens (XY) transplantados com coração de mulheres (XX) apresentam células cardíacas com o cromossomo Y.

Uma forma de interpretarmos esse resultado é imaginar que no nosso corpo existem depósitos de CTs responsáveis pelo reparo de órgãos ou tecidos em sofrimento – e um coração transplantado é um órgão em sofrimento. Ao receberem um sinal de sofrimento, essas CTs são recrutadas para aquele órgão e se diferenciam em células desse órgão, numa tentativa de regenerá-lo. Ou seja, existe em nosso corpo um processo natural de autorregeneração, responsável pela manutenção de nossos órgãos. No entanto, esse processo não é robusto o suficiente para manter a saúde dos órgãos em situações extremas, como um infarto ou uma lesão de medula.

Porém, se a autorregeneração existe, isso abre novas perspectivas de pesquisa, visando entender o mecanismo natural de reparo de órgãos para eventualmente conseguirmos potencializá-lo, aumentar sua eficiência, como na lagartixa, que consegue regenerar a ponta do rabo cortado. Quem sabe, um dia, em vez de recebermos transplantes de CTs para a regeneração cardíaca, poderemos tomar um medicamento que induza o nosso processo de autor-regeneração, estimulando nossas próprias CTs a se multiplicarem, migrarem para o coração e reconstruírem o músculo cardíaco.

Em outro trabalho em seres humanos, de 2003, foram estudadas mulheres com leucemia que receberam transplante de medula óssea de doadores homens (Figura 8) [3].

Novamente o truque do cromossomo Y para distinguirmos as células do doador das células do receptor: agora temos mulheres cujas células da medula óssea contêm um cromossomo Y. Quando as mulheres transplantadas morreram, a análise do cérebro delas identificou uma pequena proporção (até 0,07%) de neurônios contendo o cromossomo Y – ou seja, derivados da medula óssea do doador. Esse trabalho indicou a capacidade, ainda que com baixa eficiência, de as células da medula

FIGURA 8 – **Medula óssea produz neurônio?**

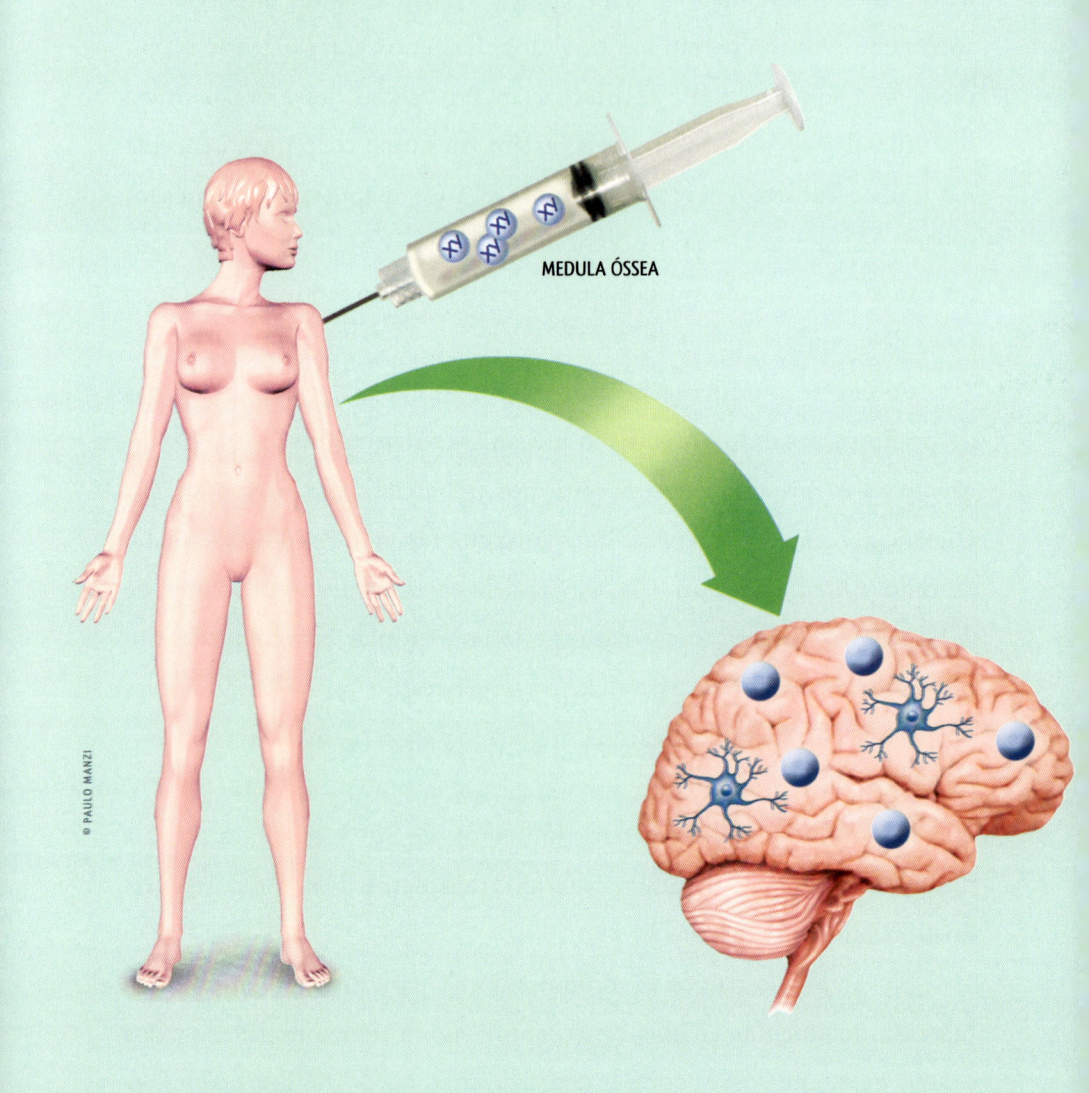

MEDULA ÓSSEA

© PAULO MANZI

Após algum tempo, mulheres (XX) transplantadas com a medula óssea de homens (XY) apresentam alguns neurônios com o cromossomo Y.

óssea entrarem no cérebro e gerarem neurônios, fenômeno também observado em camundongos. Se essa capacidade pudesse ser aumentada, um dia as CTs de medula óssea poderiam ser utilizadas no tratamento de doenças neurodegenerativas, como Parkinson e Alzheimer.

4.3 Testes clínicos com células-tronco adultas

Todos esses achados deram início a pesquisas visando o desenvolvimento de novas terapias com células da medula óssea para doenças comuns como infarto, diabetes, cirrose hepática e lesão de medula. Além disso, como transplantes de medula óssea já eram realizados há décadas, sabíamos que pelo menos aquelas células eram seguras, e assim logo começaram também os testes clínicos em seres humanos.

No registro *Clinical Trials* de testes clínicos do governo norte--americano (disponível em: <http://www.clinicaltrials.gov>. Acesso em: 17 jul. 2013) estão listados testes em andamento nos EUA e no mundo para o tratamento de qualquer doença em seres humanos, que sigam as normas éticas e sanitárias do respectivo país. Se fizermos uma busca nesse registro utilizando *stem cell* (célula-tronco) como "forma de tratamento", encontraremos mais de mil testes clínicos em andamento – e a maioria deles são variações do transplante de medula óssea para doenças do sangue.

Porém, se refinamos a busca, podemos identificar um grande número desses testes clínicos com CTs adultas para o tratamento de doenças não hematológicas (Tabela 1). Alguns desses estudos, como os focados em epilepsia e derrame, ainda estão em fases iniciais, enquanto outros, como os de doenças cardíacas, já se encontram em estágios mais avançados, nos quais a segurança do procedimento já foi verificada, e agora o objetivo é demonstrar sua eficácia em um grande número de pacientes.

Da pesquisa básica aos testes clínicos: o longo caminho da criação e consolidação de uma nova terapia.

Pesquisa básica: é a pesquisa feita com o objetivo de gerar conhecimento básico sobre a biologia do ser humano, sem visar uma aplicação imediata desse conhecimento. Esse tipo de pesquisa pode ser feito em diferentes modelos experimentais, de bactérias e drosófilas a camundongos.

Pesquisa pré-clínica: a partir dos dados obtidos com a pesquisa básica, uma nova estratégia terapêutica pode ser desenvolvida. Os primeiros testes da segurança e eficácia da nova terapia serão feitos em modelos animais, ainda com o agente terapêutico (as células-tronco ou uma nova substância) produzido num laboratório normal de pesquisa.

Se os resultados forem positivos, passa-se então a uma segunda fase dos estudos pré-clínicos, nos quais agora o agente terapêutico deverá ser produzido em condições adequadas para o uso em seres humanos, com um controle rigoroso dos reagentes e condições de manufatura, e novamente testado em modelos animais.

Se do mesmo modo os resultados com os modelos animais forem positivos, entra-se com um pedido junto às agências reguladoras para se iniciar os testes em seres humanos, apresentando todos os resultados dos estudos pré-clínicos.

Testes clínicos: experimentos em seres humanos, categorizados em Fase I, II, III, ou IV, segundo o tipo de questões que o estudo procura responder.

■ Testes clínicos em Fase I: pesquisadores testam pela primeira vez aquela nova droga ou tratamento em um grupo pequeno de pessoas para avaliar sua **segurança**, determinar uma variação segura da dosagem da nova droga e identificar efeitos colaterais.

■ Testes clínicos em Fase II: a droga ou tratamento é dado a um grupo maior de pessoas para avaliar sua **eficácia** e avaliar mais profundamente sua **segurança**.

■ Testes clínicos em Fase III: a droga ou tratamento é dado a grandes grupos de pessoas para confirmar sua eficácia, monitorar efeitos colaterais, compará-lo a outros tratamentos já existentes e coletar informações que permitirão o uso seguro da droga ou tratamento. Somente ao passar pela Fase III o novo tratamento estará aprovado para uso em seres humanos.

■ Testes clínicos em Fase IV: estudos feitos após a comercialização da droga/tratamento, que descrevem informações adicionais, incluindo riscos, benefícios e melhor uso da droga/tratamento.

TABELA 1 – **Testes clínicos em andamento (em nível mundial) utilizando CTs adultas (medula óssea, SCUP, gordura e cordão umbilical) como forma de tratamento. Entre parênteses, a quantidade de testes realizados no Brasil (dados de 2010)**

Cardiopatias	101 (6)	Cirrose hepática	4 (1)
Diabetes	18 (1)	Doença de Parkinson	2
Isquemia de membros	16 (1)	Alzheimer	1
Lúpus eritematoso	8	Lesão de medula	1
Derrame	6 (1)	Epilepsia	1 (1)
Esclerose múltipla	6	Enfisema	1 (1)

Fonte: www.clinicaltrials.gov

No Brasil, os ministérios da Saúde e da Ciência e Tecnologia financiam várias pesquisas clínicas com CTs de medula óssea para o tratamento de diferentes doenças (Figura 9). A maior delas, realizada em mais de 40 centros de pesquisa diferentes, inclui 1.200 pacientes com diferentes tipos de doenças cardíacas, tratados com suas próprias CTs de medula óssea. Iniciado em 2005, esse estudo inclui dois grupos de pacientes: um que recebe injeções de células da medula óssea no músculo cardíaco, e outro que recebe uma injeção de solução salina sem células (grupo placebo).

Nem o paciente nem o médico sabem quem pertence a qual grupo para não influenciar a interpretação das medidas clinicas feitas pré e pós-tratamento. No final do período de um ano, os códigos serão abertos, e poderemos avaliar se o grupo que recebeu as células teve uma melhora significativamente maior do que aquele que recebeu só o placebo – ou seja, saberemos se de fato essa estratégia terapêutica funciona.

FIGURA 9 – Ensaios clínicos em humanos no Brasil

DIABETES TIPO I
ANEMIA APLÁSTICA

RETINOPATIA ISQUÊMICA
RETINITE PIGMENTOSA
DOENÇA CARDÍACA
DEGENERAÇÃO MACULAR
ISQUEMIA DE MEMBROS

DOENÇA PULMONAR

LESÃO DE MEDULA
ESPINHAL
CIRROSE HEPÁTICA

RETINOPATIA ISQUÊMICA

EPILEPSIA
LIPODISTROFIA
DOENÇA CARDÍACA

DOENÇA PULMONAR
INFARTO
ACIDENTE VASCULAR
CEREBRAL
CIRROSE HEPÁTICA

© PAULO MANZI

Mapa dos testes clínicos com células-tronco no Brasil (de acordo com o registro clinicaltrials.gov, de setembro de 2012).

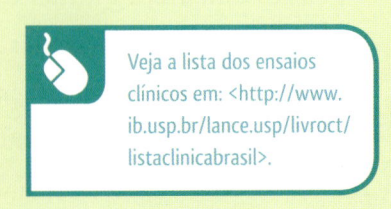

Veja a lista dos ensaios clínicos em: <http://www.ib.usp.br/lance.usp/livroct/listaclinicabrasil>.

Um dos braços do estudo já foi concluído: aquele que investigou o efeito das células em pacientes com doença cardíaca causada pelo mal de Chagas. Infelizmente, nesse braço a terapia com células de medula óssea não trouxe benefício adicional à terapia convencional. Diante disso, os pesquisadores voltaram para seus laboratórios, e estão, no momento, investigando novos tipos de CTs para a terapia dessa doença cardíaca.

4.4 Outras fontes de células-tronco adultas

Além da medula óssea, com suas CTs hematopoiéticas e mesenquimais, outros tecidos também possuem células-tronco, e essas vêm sendo mais bem caracterizadas nos últimos anos.

CÉLULAS-TRONCO HEMATOPOIÉTICAS NO SANGUE DO CORDÃO UMBILICAL

No fim da década de 1980, descobriu-se que o sangue do cordão umbilical e da placenta (SCUP) de um recém-nascido é rico em CTs equivalentes às CTs hematopoiéticas da medula óssea, que dão origem a todas as células que formam o sangue. Essas células são formadas no fígado do feto, e perto do nascimento migram desse órgão para o interior dos nossos grandes ossos, para a medula óssea. Assim, no recém-nascido ainda encontramos CTs hematopoiéticas no sangue circulante, até mesmo no sangue que fica na placenta e no cordão umbilical quando este é cortado.

Por isso, em vez de esse material ser jogado fora, ele pode ser coletado e usado, como a medula óssea, no tratamento de dezenas de doenças do sangue, como leucemias, linfomas, anemias, além de outras doenças imunológicas e hereditárias. Assim, desde então, foram criados bancos de CTs que armazenam milhares de amostras de SCUP para uso no tratamento dessas doenças. Hoje, para achar uma amostra compatível e ser transplantado, um paciente vai recorrer a bancos de doadores de medula óssea e a bancos de sangue de cordão.

Porém, apesar de todo o esforço na criação de bancos de SCUP e de medula, em geral a probabilidade de encontrar um doador ou uma amostra compatível nesses bancos não é alta. Por isso, algumas famílias optam por armazenar as células de seu recém-nascido em bancos privados de SCUP, por terem algum caso de doença na família, ou simplesmente por precaução. A diferença entre doar o SCUP para um banco público e armazená-lo num banco privado é que, enquanto uma amostra doada ao banco público é anônima e pode ser usada tanto em pesquisa quanto para o transplante de qualquer paciente, no banco privado só a família tem acesso à amostra, que é perfeitamente compatível com a própria pessoa e apresenta uma probabilidade de 25% de compatibilidade entre irmãos. Por outro lado, enquanto a doação do SCUP a um banco público é gratuita, o armazenamento privado é um procedimento pago.

Vale a pena pagar pelo armazenamento privado? Esse debate caracteriza-se por uma polarização pouco transparente de opiniões: por um lado, algumas empresas de armazenamento privado fazem uma propaganda sensacionalista, vendendo as células-tronco do SCUP como a cura para todos os males, explorando o momento vulnerável das grávidas, preocupadas com a saúde de seu bebê. Por outro lado, talvez como reação a essa atitude pouco ética, alguns profissionais de saúde declaram que o armazenamento privado não serve para nada, pois as doenças tratáveis com o SCUP são muito raras. De fato, apesar de transplantes de medula óssea ou de SCUP serem utilizados para o tratamento de dezenas de doenças, em geral são doenças muito pouco frequentes (veja Tabela 2 na página 40). Porém, são doenças graves, e muitas vezes não se encontra um doador compatível a tempo. Se esse risco justifica ou não o armazenamento privado do SCUP é uma questão muito pessoal, que deve ser discutida com um médico, levando em conta, entre outros fatores, a existência de casos dessas doenças na família, e o quanto o custo do procedimento pesa no orçamento do casal.

De qualquer maneira, a identificação de CTs no SCUP revolucionou as áreas de hematologia e de tratamento do câncer, abrindo novas perspectivas de terapia para dezenas de doenças. Por enquanto, o SCUP é a única fonte alternativa de CTs adultas cujo uso clínico já está consolidado para aquelas doenças tradicionalmente tratadas por transplante de medula óssea. Já para o tratamento de doenças mais comuns, como infarto e diabetes, o SCUP segue em fase de testes clínicos junto com as CTs da medula.

Um desses estudos, realizado na Duke University, está avaliando o uso de transplante de SCUP para tratamento de paralisia cerebral causada por falta de oxigênio (hipóxia) no cérebro. Somente pacientes de 12 meses a 6 anos que tenham seu SCUP guardado podem participar, já que o transplante é feito com o SCUP da própria criança – um transplante autólogo. Experimentos em modelos animais haviam mostrado que o SCUP diminuía o impacto de danos cerebrais causados por hipóxia. Apesar de não entenderem bem o mecanismo por trás desse efeito, os pesquisadores sugeriram que a infusão de SCUP autólogo em pacientes pudesse facilitar a regeneração neural, melhorando o quadro clínico das crianças com paralisia cerebral. Em 2012 o estudo já havia demonstrado a segurança do procedimento, e estava aumentando o número de pacientes testados para se poder demonstrar também sua eficácia.

TABELA 2 – Doenças para as quais são realizados transplantes de CTs hematopoéticas da medula óssea ou do sangue do cordão umbilical e placentário.

Leucemias e linfomas, incluindo:
    Leucemia mieloide aguda
    Leucemia linfoblástica aguda
    Leucemia mieloide crônica
    Leucemia linfocítica aguda
    Leucemia mielomonocítica juvenil
    Linfoma de Hodgkin
    Linfoma de células não Hodgkin

Mieloma múltiplo e outras doenças de células plasmáticas

Anemia aplástica grave e outros estados de falência medular, incluindo:
    Anemia aplástica grave
    Anemia de Fanconi
    Hemoglobinúria noturna paroxismal
    Aplasia pura de células vermelhas
    Trombocitopenia congênita / megacariocítica

DHSI e outras doenças hereditárias do sistema imune, incluindo:
    Imunodeficiência combinada grave (DHSI, todos os subtipos)
    Síndrome de Wiskott-Aldrich

Hemoglobinopatias, incluindo:
    Beta talassemia *major*
    Anemia falciforme

Síndrome de Hurler e outras doenças metabólicas hereditárias, incluindo:
    Síndrome de Hurler (MPS-IH)
    Adernoleucodistrofia
    Leucodistrofia metacromática

Doenças mieloproliferativas e mielodisplásicas, incluindo:
    Anemias refratárias (todos os tipos)
    Leucemia mielomonocítica crônica
    Metaplasia mieloide idiopática (mielofribrose)

Linfohistiocitose eritrofagocítica familial e outras doenças histiocíticas

Outras doenças malignas

Fonte: National Marrow Donor Program, EUA, 2012.

CÉLULAS-TRONCO DO CÉREBRO

Uma classe especial de CTs adultas são as **CTs neurais**, purificadas do cérebro. Por muitos anos acreditava-se que as células do cérebro adulto não se regeneravam, que não havia divisão celular no cérebro humano. Porém, nos anos 1990 foi identificada uma pequena população de células no nosso cérebro com propriedades de CTs. Essas dão origem aos dois grupos de células encontradas no sistema nervoso: os **neurônios**, as unidades funcionais do sistema nervoso, que transmitem informações para outros neurônios ou para outras células; e as **glias**, células de suporte aos neurônios.

Por isso, as CTs neurais possuem grande potencial para tratar diferentes doenças neurológicas, como a doença de Parkinson. Mas como existem em pequena quantidade no organismo, para serem usadas em terapias elas devem ser isoladas do cérebro e multiplicadas no laboratório sem que percam a sua identidade de CTs neurais – ou seja, continuando capazes de dar origem às diferentes células do sistema nervoso.

Pelo menos duas empresas, uma nos EUA e outra no Reino Unido, conseguiram estabelecer linhagens de CTs neurais de cérebro de feto humano – ou seja, isolaram a pequena população dessas células do cérebro e desenvolveram uma metodologia para multiplicá-las em cultura de forma a gerarem bilhões de CTs neurais, que teoricamente poderiam tratar vários pacientes.

Opa, de feto?! Sim, nesses países o aborto é legal, e assim o acesso a esse material é possível, desde que com os devidos consentimentos dos órgãos de vigilância. E como no feto o cérebro ainda está em formação, encontra-se uma quantidade maior dessas CTs neurais que, por serem mais "jovens", conseguem se multiplicar com maior eficiência em cultura de células no laboratório.

Em 2009 a empresa norte-americana iniciou um estudo clínico com suas CTs neurais para tratamento de duas doenças genéticas neurodegenerativas, e em 2011 começou a testar essas mesmas células em pacientes com lesão de medula. Já a empresa inglesa iniciou em 2010 o teste de suas CTs neurais em pacientes com acidente vascular cerebral (derrame). Esses estudos pretendem verificar a segurança dessas células, e se elas de fato conseguem regenerar o tecido nervoso lesado naquelas diferentes doenças.

CÉLULAS-TRONCO DO CORAÇÃO

Como as CTs neurais, existem outros tipos de CTs tecido-específicas – CTs hepáticas, cardíacas, do intestino, entre outras, que são responsáveis pela regeneração dos respectivos órgãos, ou seja, são capazes a dar origem somente a tipos celulares daqueles órgãos. Apesar de esses outros tipos de CTs tecido-específicas ainda serem menos conhecidos do que as CT neurais, a ideia é conseguirmos purificá-los dos diferentes órgãos e multiplicá-los no laboratório para serem usados na regeneração dos respectivos órgãos lesados.

Em particular, grandes avanços já foram feitos com **CTs cardíacas**, isoladas a partir de pequenas biópsias do músculo cardíaco. Identificadas inicialmente em ratos, as CTs cardíacas são células multipotentes, que se diferenciam nos diferentes diversos tipos de células que compõem o coração, formando músculo cardíaco e vasos sanguíneos [4]. Essas mesmas células foram isoladas do coração humano, e são responsáveis pela manutenção do nosso coração e pela pequena autorregeneração cardíaca observada em doenças cardíacas. Em modelos animais, as CTs cardíacas humanas são capazes de regenerar um coração infartado.

A partir do momento que conseguimos isolar essas células de biópsias cardíacas e multiplicá-las no laboratório, e demonstramos sua segurança e eficácia em modelos animais, passamos aos testes em seres humanos. Em dois desses estudos, nos EUA, CTs cardíacas foram produzidas a partir de biópsias do coração de pacientes que sofreram infarto, e um milhão dessas células foram infundidas na artéria cardíaca do lado lesado do coração [5,6].

Após 6 meses de tratamento, os pacientes tratados com suas próprias CTs cardíacas apresentaram significativa melhora do tecido cardíaco e de sua capacidade contrátil quando comparados com pacientes não tratados com CTs. Além disso, um dos estudos relata que os pacientes tratados com CTs cardíacas tiveram uma importante melhora da função cardíaca. Esses experimentos em seres humanos indicam que a terapia com CTs cardíacas é segura, e que leva à regeneração cardíaca. Agora essa estratégia deve ser testada em um número maior de pessoas para comprovar sua eficácia na melhora clinica dos pacientes.

CÉLULAS-TRONCO GERMINATIVAS

Outro órgão de grande interesse na medicina são as gônadas, os produtores das células germinativas – óvulos e espermatozoides, produzidos a partir de ovários e testículos, respectivamente. Várias situações podem levar à perda ou diminuição da produção dessas células, seja pela idade avançada, como é o caso das mulheres, ou por uma quimioterapia ou radioterapia no tratamento de um câncer, ou ainda por outras razões.

Algumas técnicas de reprodução assistida foram desenvolvidas para remediar essas situações, principalmente a fertilização *in vitro*. Mas para ela ter sucesso, precisamos de óvulos e espermatozoides – será que podemos produzir essas células tão especiais a partir de CTs?

As células germinativas são especiais porque é a partir delas que serão gerados novos indivíduos. Como já vimos, as células germinativas possuem somente metade dos nossos genes. Assim, quando duas dessas células se fundem, quando um espermatozoide fecunda um óvulo, as duas metades se unem formando um novo genoma, uma nova receita completa de um ser inédito no mundo.

Lembram-se do começo do desenvolvimento embrionário, quando ainda éramos um conglomerado de células idênticas? No início do processo de diferenciação, quando as células se dividem em endoderma, ectoderma e mesoderma, um pequeno grupo de células fica reservado para formar as gônadas (ovários ou testículos), e na puberdade esses órgãos começam a produzir as células germinativas.

Até recentemente, acreditava-se que a produção de óvulos acontecia somente até o nascimento. Ou seja, a mulher já nascia com um número fixo de óvulos, que a partir da puberdade e ao longo de sua fase fértil iam maturando – em média um óvulo por mês fica pronto para ser fecundado, ou seja, em média uma mulher ovula 400 vezes. Porém, em 2004 um grupo da Universidade de Harvard, nos EUA, identificou uma população de células que se dividem e formam novos óvulos no ovário de camundongos adultos [7] – **células-tronco germinativas**.

Essa descoberta revolucionou as pesquisas em reprodução humana, abrindo grandes perspectivas para o tratamento da infertilidade feminina. Se essas células de fato existem, e se existem em seres humanos, poderemos multiplicá-las no laboratório de forma a gerar óvulos em grandes quantidades? Imaginem o impacto que isso pode ter para prolongar a fertilidade feminina!

Toda descoberta revolucionária gera controvérsias, e a ideia da existência de CTs germinativas femininas encontrou resistência por alguns grupos de pesquisa. Porém, em 2009, um grupo da Universidade Shanghai Jiao Tong, na China, conseguiu isolar as CTs germinativas de ovários de camundongos recém-nascidos e adultos, e multiplicar essas células em cultura [8]. Para demonstrar que as células cultivadas eram de fato CTs germinativas, os pesquisadores inseriram nelas o gene *GFP*, que produz a proteína fluorescente da água-viva, e transplantaram as células para ovários de camundongos estéreis. Nesses animais, as CTs germinativas transgênicas deram origem a óvulos, e os camundongos até então estéreis tiveram filhotes contendo o gene *GFP* em seu genoma – uma prova de que esses filhotes foram gerados a partir de óvulos derivados das CTs germinativas transplantadas.

Apesar de o mesmo grupo já ter outras publicações utilizando essas CTs germinativas femininas, será fundamental outros pesquisadores conseguirem repetir seus experimentos de forma independente. Além disso, ainda não foi identificada nem isolada uma população de células equivalente em ovários humanos.

Eu havia terminado de escrever este capítulo há uma semana, e hoje, 26 de fevereiro de 2012, foi publicado um artigo na *Nature Medicine*, revista científica de enorme impacto, descrevendo o isolamento e cultivo de CTs germinativas femininas **humanas** – aliás, o artigo foi a capa da revista [9]! Aquele grupo de Harvard que em 2004 havia identificado CTs germinativas femininas em camundongos, e que sofreu durante anos com o ceticismo de alguns colegas, conseguiu isolar uma pequena população de células de ovários humanos que, quando multiplicadas em cultura, são capazes de dar origem a óvulos. Além disso, quando essas células foram transplantadas para o ovário de camundongos imunodeficientes, os pesquisadores também observaram a formação de óvulos humanos naqueles animais.

Batizadas de **CTs de oogônias**, essas CTs só dão origem a um tipo de célula diferenciada (óvulos), e assim são classificadas como **CTs unipotentes**. Claro que ainda é preciso fazer muitas pesquisas para demonstrar que os óvulos humanos produzidos a partir dessas células são funcionais e podem dar origem a um bebê normal. Mas esse trabalho é um passo importante na direção de aumentarmos a fertilidade das mulheres. Se esses resultados se confirmarem, a partir de biópsias de ovário poderemos gerar um número ilimitado de óvulos, resolvendo assim o principal problema de mulheres que procuram clínicas de reprodução assistida. Além disso, a capacidade de produzir óvulos a partir das CTs de oogônias no laboratório facilitará a identificação de drogas e hormônios que estimulem essas células no organismo a produzir óvulos por mais tempo, retardando o relógio biológico das mulheres.

Em contraste com as limitações da produção natural de gametas em fêmeas, da puberdade em diante os machos produzem bilhões de espermatozoides por mês pelo resto de suas vidas! Essa enorme produção é mantida por uma pequena população de células-tronco dos testículos: células que se dividem em células idênticas a elas mesmas (mantendo a matriz para produção de mais espermatozoides), e em células que darão origem aos espermatozoides maduros. Essas células-tronco são chamadas **CTs de espermatogônias**, e como só dão origem a um tipo de célula diferenciada (espermatozoides) também são classificadas como CTs unipotentes.

CTs de espermatogônias foram isoladas de testículos de camundongo em 1994, e sua capacidade de gerar espermatozoides funcionais foi demonstrada transplantado-as no testículo de animais estéreis, como feito com as CTs germinativas femininas [10]. Em 2010, CTs de espermatogônias foram isoladas de testículos humanos e multiplicadas em cultura [11]. Se comprovado clinicamente que essas CTs humanas também se diferenciam em espermatozoides normais quando transplantadas em testículos, teremos mais uma opção para a manutenção da fertilidade masculina.

É verdade que para homens que vão se submeter a quimioterapia, tratamento que pode danificar e até destruir suas células germinativas, já existe a opção de congelamento prévio de espermatozoides. Porém, essa estratégia não funciona em casos de câncer em meninos que ainda não entraram na puberdade – seus testículos ainda não produzem espermatozoides. Se pudermos extrair, multiplicar e congelar as suas CTs de espermatogônias, essas células poderão ser mais tarde reinjetadas em seus testículos, restaurando a produção de espermatozoides normais naqueles pacientes.

CÉLULAS-TRONCO MESENQUIMAIS EM OUTROS TECIDOS

Finalmente, CTs mesenquimais, equivalentes às da medula óssea, foram identificadas em vários outros tecidos, incluindo gordura, placenta, polpa do dente e a veia do cordão umbilical. Como as da medula óssea, todas essas CTs mesenquimais se diferenciam em osso, cartilagem e gordura, mas ainda não sabemos se elas têm outras características mais específicas que as tornem de alguma forma melhores do que as CTs de medula.

As CTs mesenquimais derivadas desses outros tecidos também representam potenciais fontes alternativas de células para terapia, e já existem alguns estudos em seres humanos com elas. Voltando ao registro Clinical Trials, encontramos em janeiro de 2012 vários testes clínicos utilizando CTs mesenquimais isoladas da gordura para o tratamento de insuficiência cardíaca, fístulas, lesão de medula e isquemia de membros, entre outras. Já as CTs mesenquimais da veia do cordão umbilical estão sendo testadas em humanos para o tratamento de cirrose hepática, e as derivadas de placenta para o tratamento de fibrose pulmonar e acidente vascular cerebral (derrame) isquêmico. Esses testes estão ainda em suas fases iniciais, e será importante acompanharmos sua evolução.

4.5 Células-tronco de câncer

Uma das notícias mais apavorantes que um médico pode dar a seu paciente é: "Seu câncer voltou...". O câncer se caracteriza por um crescimento desordenado de células, células se multiplicando quando não deveriam, dando origem a um tumor. Por que após remoção cirúrgica, radioterapia e quimioterapia os tumores ressurgem do nada?

A explicação mais provável é que algumas células cancerosas tenham sobrevivido a todos aqueles ataques e tenham sido capazes de dar origem a outro tumor – essas células resistentes "regeneraram" aquele tumor. Isso não lembra a definição de células-tronco? Células com capacidade de proliferar por longos períodos, e capazes de dar origem a outros tipos de células mais diferenciadas. Só que, neste caso, a célula-tronco em questão não estaria dando origem a um tecido normal, mas sim a um câncer – seria uma célula-tronco de câncer.

CTs de câncer foram identificadas pela primeira vez em leucemias, cânceres do sangue, em 1997 [12]. Transplantando células leucêmicas de pacientes em camundongos imunodeficientes, os pesquisadores demonstraram que nem todas as células doentes davam origem a uma leucemia nos animais. Somente uma pequena fração daquelas células era capaz de recriar a doença no camundongo – essa capacidade de recriar o mesmo câncer é o que define uma CT de câncer. Desde então, CTs de câncer já foram identificadas em tumores de mama [13] e de cérebro [14]. Ora, se essas CTs de câncer de fato existem, ao as matarmos estaremos cortando as raízes do tumor, e ele não voltará.

Porém, apesar de o conceito de CTs de câncer fazer sentido, e de haver evidências dessas células em outros tipos de tumores, ainda existem controvérsias nesta área. Por exemplo, alguns pesquisadores determinaram que a porcentagem de CTs de câncer em um tumor é de somente 0,0001%, enquanto outros grupos encontraram até 25% de CTs de câncer naquele mesmo tipo de tumor – quem está certo? Células se tornam cancerosas quando sofrem uma série de mutações em seus genes e perdem o controle de sua divisão – então CTs de câncer surgem a partir de qualquer tipo de células ou de CTs normais que sofreram mutações? Ainda não sabemos.

O câncer é uma doença muito heterogênea: cânceres em diferentes órgãos têm diferentes características, e mesmo dentro de um mesmo grupo, por exemplo, tumores de mama, existe uma enorme variação que vai de tumores benignos até os mais agressivos, que formam metástases. Será que todos os tipos de câncer possuem em sua origem CTs de câncer?

Ao longo da história, surgiram várias outras teorias promissoras sobre o câncer, e, no entanto, nem todas se traduziram em terapias mais eficientes. Seja lá qual for seu potencial clínico, o conceito das CTs de câncer tem feito pesquisadores pensarem em câncer de formas inovadoras – e olhar um problema por ângulos diferentes é sempre positivo, e leva ao avanço do nosso conhecimento.

4.6 Mecanismos de ação das células-tronco adultas

Uma questão importante em relação às terapias com CTs adultas é entendermos exatamente os mecanismos pelos quais elas exercem algum efeito benéfico nas diferentes patologias. Entendemos bem os efeitos terapêuticos das CTs tecido-específicas, como as CTs neurais, que geram as células do sistema nervoso; as CTs cardíacas, que se

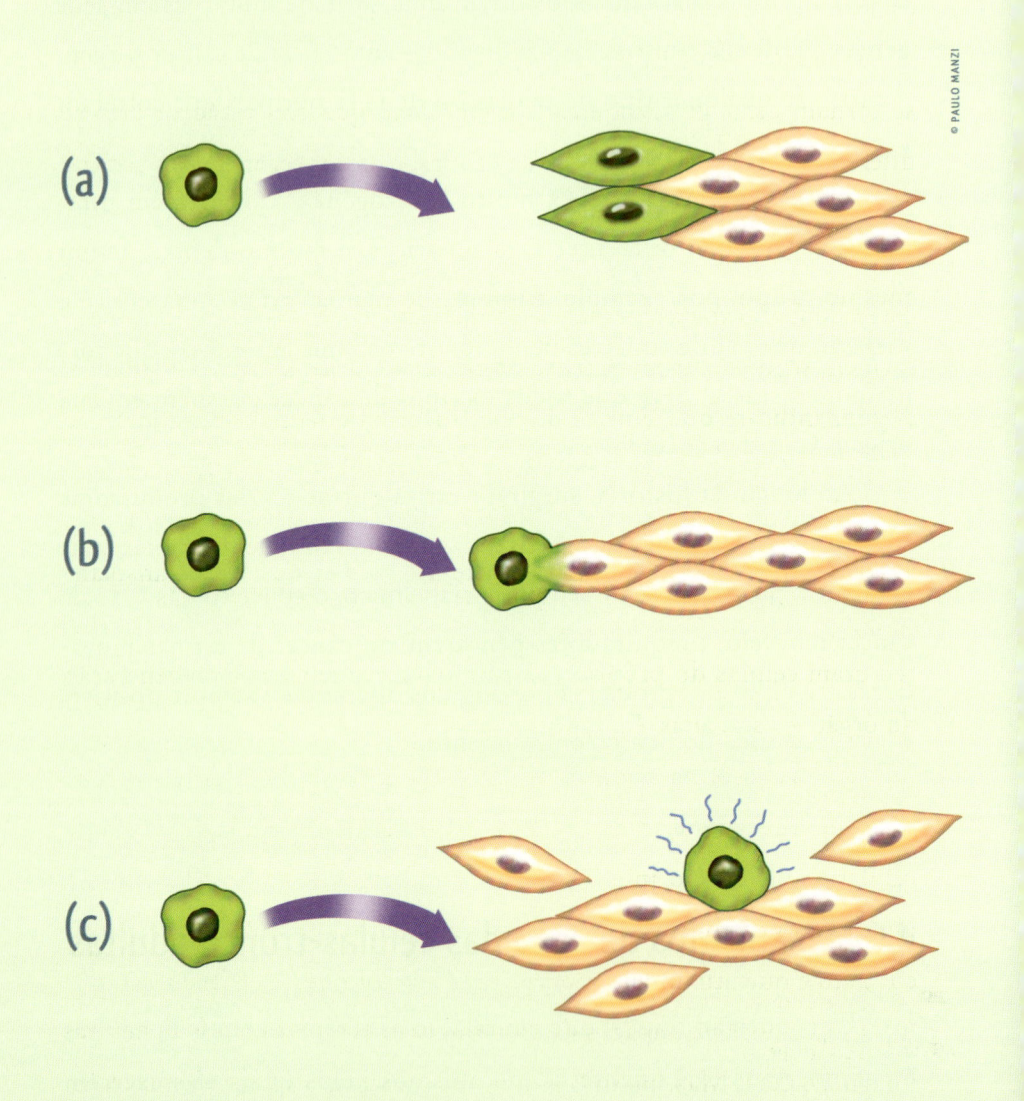

Muitos trabalhos mostram que, em vez de (a) se transformarem em células dos diferentes órgãos, as CTs da medula óssea (b) se fundem às células dos respectivos órgãos; ou (c) secretam fatores que promovem a autorregeneração dos órgãos.

diferenciam em diferentes tipos de células do coração; e as CTs hematopoiéticas da medula óssea e do sangue do cordão umbilical, que dão origem a todas as células do sangue – quando transplantadas, todas essas CTs regeneram o respectivo tecido lesado. Mas e as outras células presentes na medula óssea, como as CTs mesenquimais, aquelas que se tornam osso, gordura e cartilagem? Será que elas estão de fato se diferenciando em outros tipos de células, e assim regenerando tecidos como coração, fígado e cérebro?

Apesar de os estudos iniciais sugerirem a existência na medula óssea de CTs capazes de dar origem a outros tecidos além do sangue, logo em seguida surgiram outros trabalhos questionando esse modelo. Alguns indicam que, em vez de se transformarem em células do órgão doente, as CTs injetadas se fundem às células daquele tecido, e é assim que parecem ter se transformado em células do mesmo (Figura 10). Outros trabalhos ainda mostram que, na verdade, as CTs transplantadas secretam fatores de crescimento, proteínas sinalizadoras que recrutam células do próprio paciente para realizar a autorregeneração do órgão – esta, aliás, é a hipótese mais aceita.

Além disso, na maioria dos estudos utilizando CTs de medula óssea para regeneração de órgãos é utilizada uma população mista de células aspiradas do interior dos grandes ossos – quais células desta população heterogênea estão desempenhando algum efeito terapêutico? Fato é que atualmente pouca gente acredita que as CTs mesenquimais sejam mesmo capazes de dar origem a todos aqueles tecidos que imaginávamos. Mas, mesmo assim, elas parecem exercer algum efeito terapêutico para algumas doenças. Como?

Estamos numa fase empírica das pesquisas clínicas com as CTs mesenquimais, na qual as células são infundidas no paciente e observamos se ele apresenta alguma melhora, porém sem sabermos exatamente quais células da medula óssea exercem quais efeitos terapêuticos. Com esta nova visão de as CTs mesenquimais não serem capazes de se diferenciar em nada além de osso, cartilagem e gordura – o que, por ironia, era a visão inicial –, testes clínicos utilizando essas células para o tratamento de doenças neurológicas, por exemplo, não têm mais uma forte justificativa científica. Porém, mesmo assim esses testes em seres humanos continuam – e devem continuar pois, apesar de não sabermos como, na prática as CTs mesenquimais parecem ter efeito terapêutico para algumas dessas doenças, e isso deve ser mais bem explorado.

A falta de conhecimento básico não impede os avanços dos estudos clínicos – afinal, outros medicamentos, como a aspirina, já foram utilizados por anos antes de sabermos com precisão seus mecanismos de ação. Porém, precisamos simultaneamente investir em pesquisa básica para entendermos exatamente quais células da medula óssea promovem as melhoras observadas em alguns dos testes clínicos. Precisamos, também, entender por quais mecanismos elas exercem o efeito terapêutico nas diferentes doenças em que estão sendo testadas. Com esse conhecimento, poderemos aumentar a eficiência desses tratamentos, e desenvolver novas estratégias de terapia celular para outras doenças.

Em 2011 foi publicado um trabalho sobre o mecanismo terapêutico das CTs de medula óssea em infarto do miocárdio que ilustra muito bem a importância da pesquisa básica para a terapia celular [15]. Alguns trabalhos do início da década de 2000 concluíram que, quando injetadas em camundongos infartados, as CTs da medula óssea se transformavam em células do músculo cardíaco, regenerando aquele órgão. Analisando esse fenômeno com mais detalhes, um grupo da Universidade de Harvard identificou dois pontos muito importantes naquele tipo de terapia:

primeiro que, em vez de se transformarem em músculo cardíaco, as CTs de medula óssea promovem a autorregeneração deste músculo. Ou seja, elas de alguma forma induzem CTs cardíacas, já presentes no organismo, a se multiplicarem e diferenciarem em células do músculo cardíaco. Segundo, que na verdade, é um subgrupo das CTs de medula que possui este efeito de induzir a autorregeneração – somente células da medula óssea que produzem uma proteína chamada *c-kit*, o que corresponde a uma fração bem pequena das células da medula.

Se esses achados forem confirmados por outros grupos – e em ciência isso é muito importante para que um novo conhecimento fique consolidado como uma verdade – eles serão muito importantes para desenvolvermos novas terapias para infarto baseadas em CTs. Ao identificarmos exatamente que grupo de células da medula óssea está exercendo o efeito terapêutico, poderemos redesenhar os testes clínicos em seres humanos, usando especificamente essas células para a terapia celular – em vez de injetarmos a população total de CTs da medula, na qual as células *c-kit* positivas estão em minoria, poderemos purificá-la e administrar um concentrado dessas células com efeito terapêutico.

Por outro lado, sabendo que, em vez de se transformarem em músculo cardíaco, as células injetadas mandam sinais para que as células do próprio paciente (no caso, ainda um camundongo) regenerem aquele órgão, talvez possamos prescindir das células e desenvolver drogas que façam essa mesma sinalização. Claro que para isso teremos de identificar quais são esses sinais de autorregeneração – mas o importante é que, ao elucidar o mecanismo pelo qual a administração de CTs da medula promove a melhora do músculo cardíaco, vamos trabalhar de forma mais inteligente para desenvolver uma estratégia terapêutica de fato eficiente para o infarto.

4.7 Células-tronco mesenquimais e o controle do sistema imunológico

Uma classe particular de doenças potencialmente tratáveis com CTs são as chamadas doenças autoimunes. Lembram-se de que o sistema imunológico consiste das células do sangue que nos protegem contra agentes externos ao nosso corpo?

Como o nome sugere, nas doenças autoimunes o sistema imunológico do paciente não reconhece certos órgãos ou tecidos como seus próprios, e os ataca como se fossem inimigos. Um exemplo é o diabetes do Tipo I – os pacientes possuem células do pâncreas normais, que produzem insulina. Porém, essas células são destruídas pelo seu sistema imunológico e, assim, o indivíduo fica deficiente em insulina e desenvolve o diabetes.

Ainda não se sabe por que este autoataque acontece, mas sabemos que esse é o mecanismo por trás de doenças como esclerose múltipla, lúpus eritematoso, artrite reumatoide, entre outras.

Mesmo desconhecendo o que causa o defeito do sistema imunológico, cientistas levantaram a hipótese de que, da mesma forma como ao reiniciarmos um computador travado o problema desaparece, o sistema imunológico desses pacientes talvez pudesse passar a se comportar de maneira normal se o reinicializássemos.

Nosso sistema imunológico é produzido a partir das CTs hematopoiéticas, encontradas na medula óssea (ou no SCUP, lembram-se?). Então, para reinicializá-lo, retiramos um pouco das CTs da medula óssea do paciente e as guardamos. Enquanto isso, com quimioterapia destruímos o sistema imunológico defeituoso, já presente no paciente. E, para regenerá-lo, injetamos de volta a medula óssea do próprio paciente, que ficou guardada. Ela vai produzir novas células do sistema imunológico, e a esperança é que essas saibam reconhecer o pâncreas do paciente como seu próprio, e não o ataquem.

Um fator importante para o sucesso desse tratamento é quando o diabetes foi diagnosticado. Nesse transplante de CTs não são formadas novas células produtoras de insulina – só interrompemos o ataque do sistema imunológico às células do pâncreas. Logo, se o paciente já tiver a doença há muito tempo, seu sistema imune pode já ter destruído uma quantidade muito grande dessas células, e parar o ataque não vai adiantar muito – não terão sobrado células suficientes para produzir a quantidade necessária de insulina.

Essa estratégia de reiniciar o sistema imune funciona em alguns casos, mas em outros não – e, de novo, ainda não sabemos o porquê dessa diferença entre os pacientes. Porém, como o tratamento envolve a destruição do sistema imunológico, o paciente fica vulnerável a infecções por vários dias, até que suas defesas sejam regeneradas. E isso representa um grande risco de morte – de fato, nos primeiros testes clínicos alguns pacientes não resistiram ao tratamento e morreram por alguma infecção.

Mas com esse e outros estudos clínicos com as CTs da medula, descobrimos que as CTs mesenquimais, aquelas que dão origem a osso, gordura e cartilagem, atuam nas células do sistema imunológico, diminuindo a sua atividade – ou seja, as CTs mesenquimais da medula óssea parecem ter um efeito imunossupressor.

Assim, uma nova estratégia terapêutica vem sendo testada para as doenças autoimunes com as CTs mesenquimais. Sem se destruir o sistema imune do paciente, e assim submetê-lo a um grande risco de morte, as CTs mesenquimais purificadas da medula óssea são multiplicadas no laboratório, e injetadas na corrente sanguínea do paciente. Isso, por sua vez, leva a uma diminuição da atividade de seu sistema imunológico, que para de atacar o próprio corpo.

A atividade imunossupressora das CTs mesenquimais, purificadas da medula óssea, do SCUP ou até mesmo da gordura, vem sendo explorada também para o tratamento de outras doenças autoimunes, como esclerose múltipla e lúpus. Além disso, como essas células não são atacadas pelo sistema imunológico, podemos potencialmente usar CTs mesenquimais de qualquer doador para todos os pacientes.

Ainda não sabemos como essas células escapam ao ataque e controlam o sistema imunológico do paciente, nem se elas de fato conseguirão fazer isso por muito tempo. Porém, esta é outra área promissora das terapias com CTs, que não envolve o uso delas para a regeneração de órgãos ou tecidos, mas que explora sua atividade reguladora do sistema imunológico.

4.8 Células-tronco adultas: conclusões

Desde o fim dos anos 1990 nossos conhecimentos sobre as CTs adultas evoluíram de forma muito interessante. De células com capacidade limitada de diferenciação (medula óssea só faz sangue; célula mesenquimal só faz osso, cartilagem e gordura), elas passaram a vedetes da medicina regenerativa, com sua suposta capacidade de se diferenciar em vários outros tipos de células.

Com um pouco mais de pesquisa, logo ficou claro que os resultados iniciais tinham outras explicações, e hoje pouca gente ainda acredita que as CTs adultas possuam aquela grande versatilidade.

Nesses treze anos de pesquisas, demos uma volta completa e retornamos ao modelo inicial, no qual as diferentes CTs adultas possuem capacidade limitada de diferenciação. Entretanto, não andamos em círculo: começamos a identificar qual subgrupo de células da medula óssea tem de fato algum potencial terapêutico, e estamos descobrindo os reais mecanismos pelos quais elas promovem a aparente melhora de algumas condições, como as doenças autoimunes, por exemplo.

Identificamos várias CTs tecido-específicas, como as neurais, cardíacas e germinativas, que são de fato capazes de regenerar os respectivos órgãos. Além disso, testamos a capacidade terapêutica de alguns tipos de CTs adultas já em seres humanos.

Os primeiros resultados clínicos com CTs de medula óssea podem não ter sido tão bons quanto antecipávamos no início dos anos 2000, mas tenham certeza de que aprendemos muito nesta jornada. E esse aprendizado será a base para a continuação das pesquisas com CTs adultas, para que possamos explorar toda a sua capacidade terapêutica, seja ela qual for.

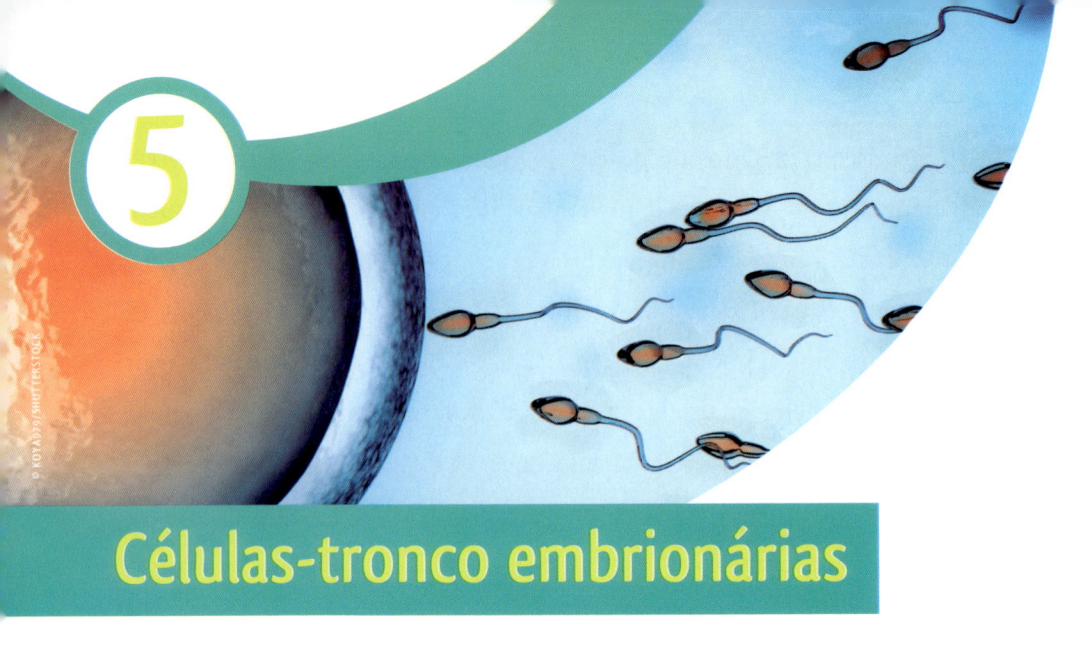

Células-tronco embrionárias

O segundo grande grupo de CTs são as chamadas **células-tronco embrionárias**, que diferem significativamente das CTs adultas. Como o nome sugere, as CTs embrionárias são derivadas de um embrião. Identificadas no início dos anos 1980 em camundongos, essas células são extraídas de embriões com 3 dias de desenvolvimento – os chamados blastocistos (Figura 11) [16]. Relembrando, nesse estágio do desenvolvimento o embrião é composto de aproximadamente 100 células, que se dividem em dois tipos: aquelas que vão dar origem à placenta, e as que darão origem a todos os tecidos do adulto – as células do botão embrionário. São essas últimas que, num processo contínuo de divisões e especializações, vão dar origem a músculo, sangue, neurônio, fígado, enfim, a todos os nossos órgãos e tecidos. Porém, naquele momento elas ainda não decidiram no que vão se transformar, e assim possuem uma enorme versatilidade, que chamamos de **pluripotência**.

As células do botão embrionário podem ser retiradas do blastocisto e multiplicadas em laboratório, mas em condições de cultura muito especiais para que mantenham sua extraordinária capacidade de se

FIGURA 11 – Células-tronco embrionárias

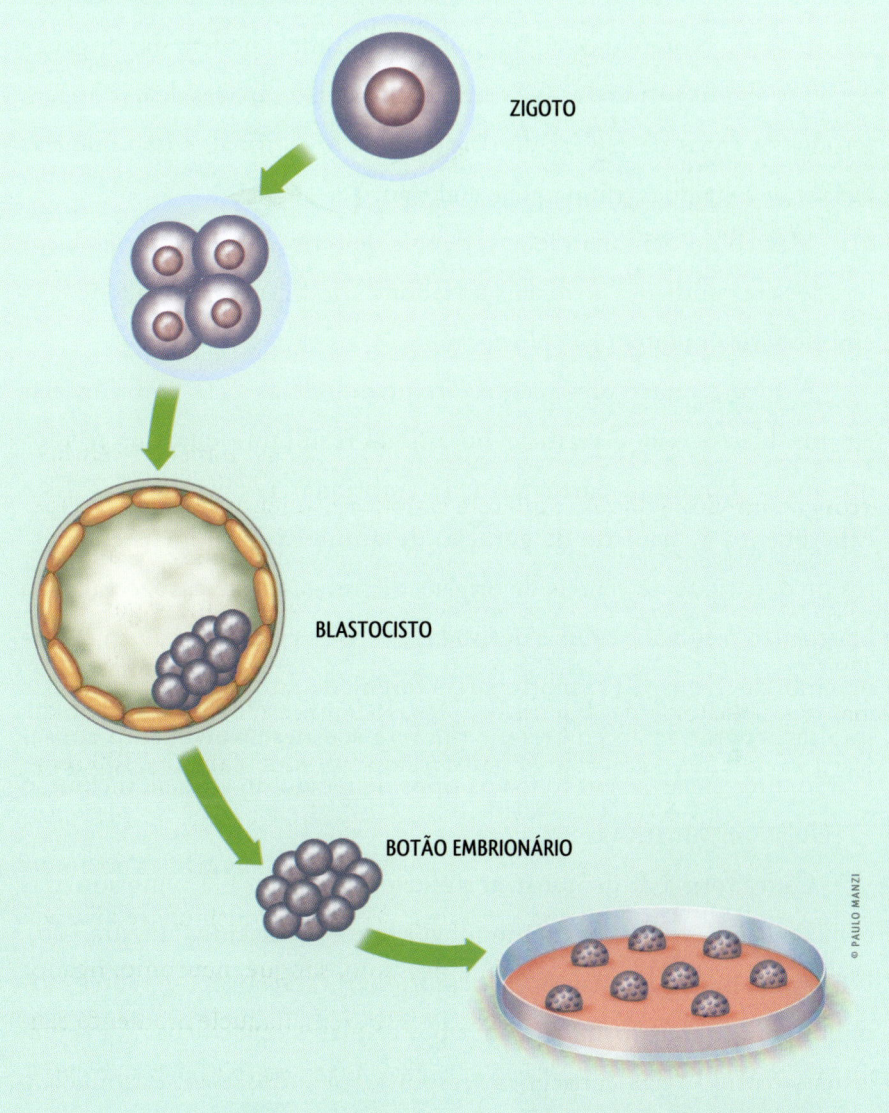

ZIGOTO

BLASTOCISTO

BOTÃO EMBRIONÁRIO

© PAULO MANZI

CÉLULAS-TRONCO EMBRIONÁRIAS

As células do botão embrionário são retiradas do blastocisto e colocadas em frasco de cultura, multiplicando-se e dando origem às células-tronco embrionárias.

transformarem em qualquer tipo de célula (Figura 11). Assim, podemos gerar no laboratório uma grande quantidade dessas células-coringa e ter, desse modo, uma fonte potencialmente ilimitada de células para transplantes. Notem que, enquanto as CTs adultas podem dar origem a somente alguns tecidos, as CTs embrionárias são capazes de dar origem a todos os tipos de células do corpo humano – afinal, é isso que elas fariam se continuassem naquele embrião.

Mas como demonstrar que, depois de retirados do embrião e colocados em condições artificiais no laboratório, aqueles milhões de CTs embrionárias mantêm sua pluripotência?

A forma mais convincente é reintroduzir as CTs embrionárias em um blastocisto, e verificar no animal resultante quais os tecidos que foram gerados a partir das CTs embrionárias (Figura 12a). Esse experimento é chamado de **geração de quimeras** – animais compostos de dois tipos de células de origens distintas. Neste caso, células do blastocisto original e células derivadas das CTs embrionárias, injetadas no embrião. Se as CTs embrionárias forem, de fato, pluripotentes, elas irão incorporar-se ao embrião, e durante seu desenvolvimento conseguirão diferenciar-se em todos os tipos de tecido do animal, incluindo as células germinativas.

Outra forma de demonstrar a pluripotência das CTs embrionárias é injetar essas células em camundongos imunodeficientes (Figura 12b). No organismo do animal, as CTs embrionárias recebem diferentes estímulos para se transformarem em tipos celulares específicos. Por serem células-coringa, elas conseguem responder a todos esses estímulos, e iniciam um processo caótico de especialização, dando origem a um tumor benigno chamado teratoma. Nesse tumor, encontramos vários tipos de tecidos diferentes: músculo, intestino, neurônios, vasos etc. Isso significa que aquelas células injetadas no animal tinham a capacidade

FIGURA 12 – Demonstração da pluripotência das CTs embrionárias

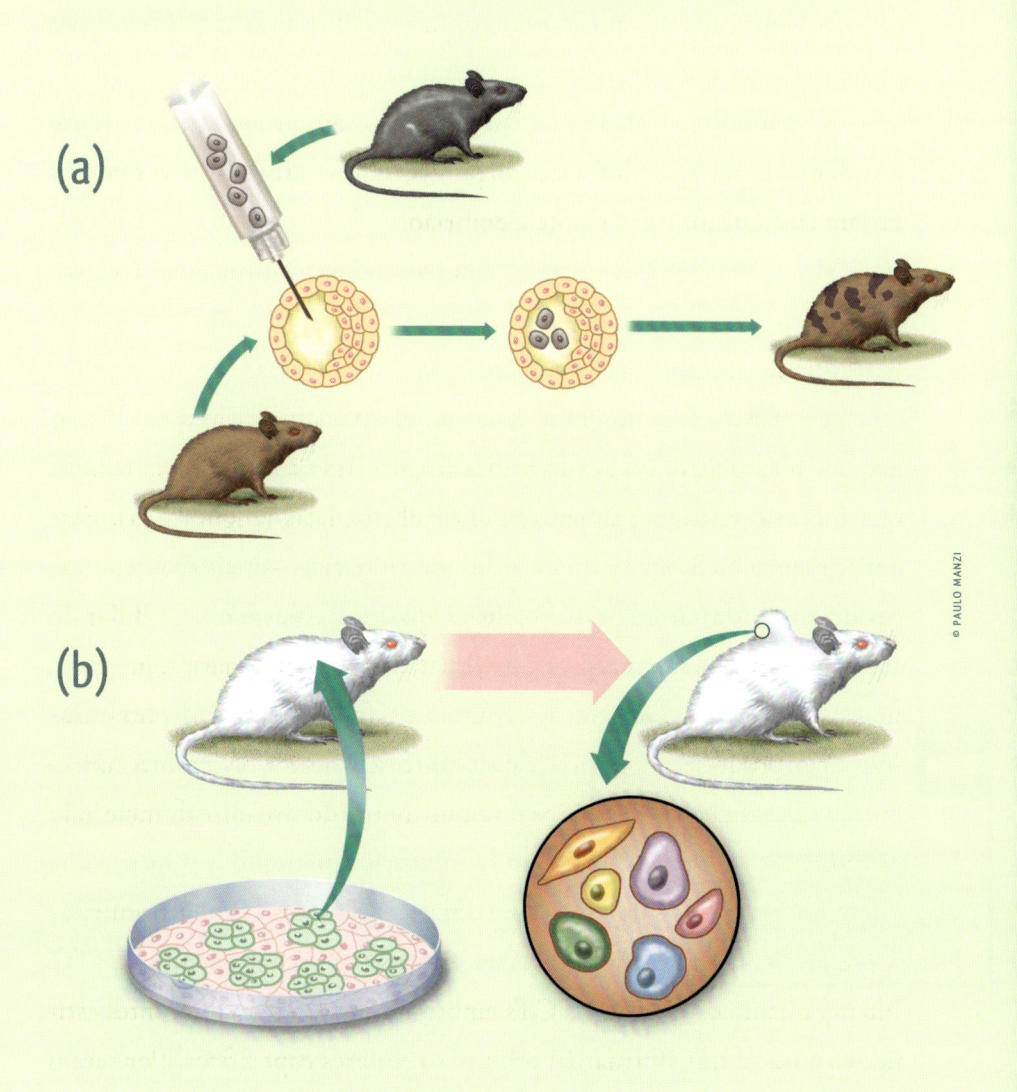

© PAULO MANZI

(a) Geração de quimeras: células-tronco embrionárias derivadas de um animal de pelagem preta são injetadas no embrião de um animal de pelagem marrom. Se as células-tronco embrionárias forem pluripotentes, darão origem aos vários tecidos da quimera resultante.

(b) Formação de tumores: células-tronco embrionárias injetadas em camundongos imunodeficientes formam teratomas, tumores compostos de vários tecidos diferentes.

de se transformar em todos aqueles tecidos; eram, de fato, células pluripotentes. Essa estratégia é usada para se demonstrar a pluripotência de CTs embrionárias de espécies para as quais, por razões éticas, não podemos fazer quimeras, como o ser humano.

No entanto, se queremos usar as CTs embrionárias como fonte de tecidos para transplantes, a última coisa que desejamos é que elas formem um tumor no paciente. Assim, antes de transplantá-las é necessário, ainda no laboratório, dirigir sua especialização nos tipos celulares desejados.

Vejam: a grande vocação das CTs embrionárias é a de se diferenciar – afinal, é exatamente isso que elas fariam se tivessem ficado naquele blastocisto. Na verdade, para mantê-las não diferenciadas e se multiplicando no laboratório, temos de colocá-las em meios de cultura muito especiais. Logo, para as CTs embrionárias começarem a se especializar ainda no laboratório, só precisamos colocá-las em meio de cultivo de células normais, como células da pele, por exemplo.

Veja um vídeo das células--tronco embrionárias transformadas em células do músculo cardíaco contraindo-se no laboratório. Disponível em: <http://www.ib.usp.br/lance.usp/livroct/video3>

Sem os "freios" das condições anteriores de cultivo, as CTs embrionárias começam um processo de diferenciação no laboratório que lembra o que acontece durante o desenvolvimento embrionário. Após duas semanas, aquelas CTs pluripotentes terão se diferenciado em neurônios, células de pele (fibroblastos), de músculo, e até de músculo cardíaco, formando conglomerados que se contraem ritmicamente na garrafa de cultivo como um pequeno coração batendo (Figura 13).

Porém, para uso terapêutico, queremos produzir populações mais homogêneas de células, dependendo da doença a ser tratada, ou do órgão a ser regenerado. E é este o grande desafio das terapias com CTs

FIGURA 13 – **Dirigindo a diferenciação das células-tronco embrionárias**

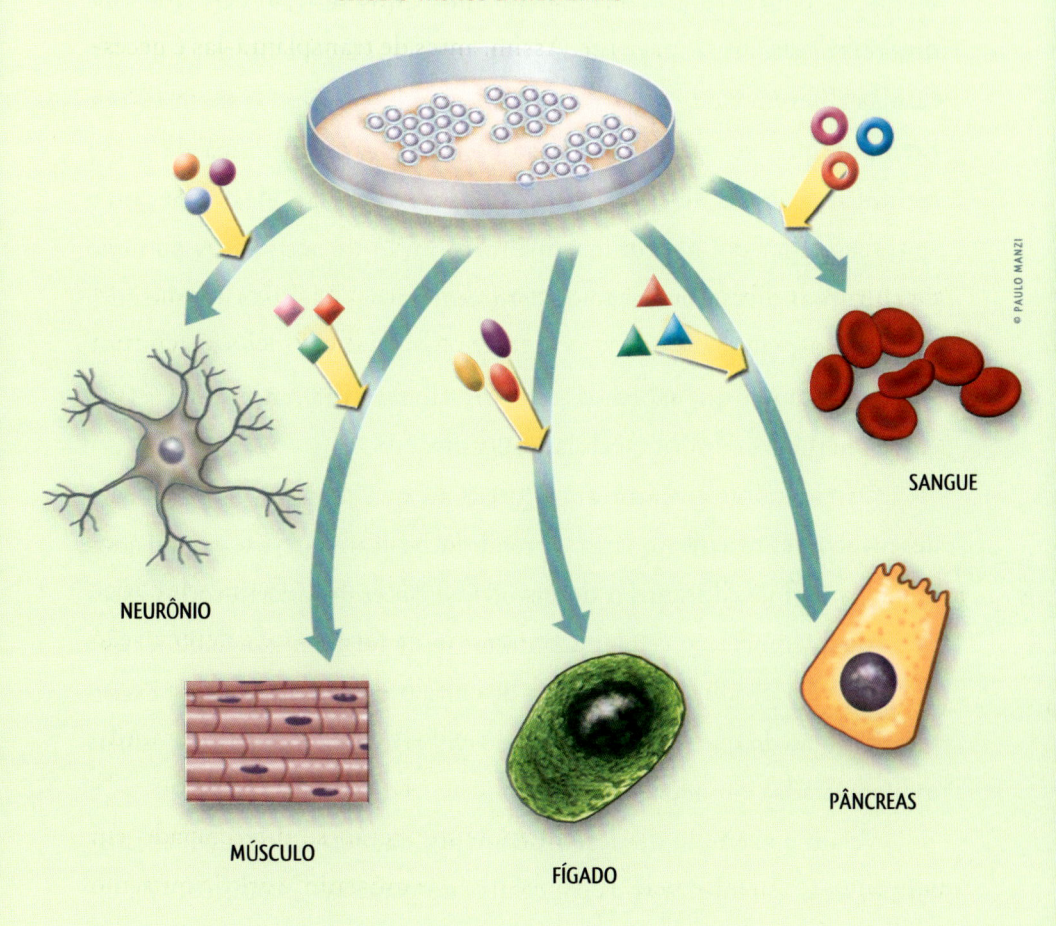

Cultivando as células-tronco embrionárias com diferentes compostos, podemos induzi-las a se diferenciarem em tipos específicos de célula.

embrionárias: como domá-las em cultura para que se transformem somente no tipo celular que nos interessa.

Assim, nos quase 30 anos de pesquisas com CTs embrionárias, investimos em desenvolver métodos e meios de cultura para multiplicá-las e transformá-las especificamente em células da medula óssea, ou do músculo cardíaco, ou em neurônios, entre outras. Vários artigos descrevem diferentes formas de produzir populações homogêneas de células diferenciadas a partir das CTs embrionárias. Sabemos, por exemplo, que, se colocarmos uma concentração específica de ácido retinoico no meio de cultura das CTs embrionárias, elas começam a se transformar em neurônios; já a introdução de activina A no meio de cultura induz a formação de cardiomiócitos – células do músculo cardíaco.

Mas como é que sabemos como direcionar a diferenciação das CTs embrionárias em um tipo celular específico?

Os cientistas tiveram de recorrer ao que já conheciam sobre o desenvolvimento embrionário, aprendido basicamente em organismos modelos. Afinal, durante o desenvolvimento embrionário todos esses tipos de diferenciação celular acontecem, e de forma organizada. O que queremos é reproduzir nas garrafas de cultura o que acontece, por exemplo, na região do que vai ser a cabeça do embrião para transformar células indiferenciadas em neurônios.

Vejam o exemplo do desenvolvimento da metodologia para transformar as CTs embrionárias em células do pâncreas, produtoras de insulina. Já era sabido que as células do pâncreas surgem a partir daquele grupo de células diferenciadas chamado endoderma (rever Figura 1b). E estudos em camundongos também tinham identificado uma série de proteínas envolvidas no processo de transformar algumas daquelas células do endoderma em células do pâncreas. Um grupo de pesquisa de uma empresa dos EUA recriou essas condições nos meios de cultura das CTs embrionárias, adicionando sequencialmente as diferentes proteínas ao longo de 20 dias, guiando a diferenciação das células pluripotentes para células produtoras de insulina [17].

É claro que os cientistas não conseguem reproduzir na cultura de células tudo o que acontece no organismo, e esses estudos envolvem também uma dose considerável de tentativa e erro. Mas o importante aqui é ressaltar a importância dessa interação do conhecimento básico da biologia do desenvolvimento com a pesquisa aplicada à terapia celular.

E essas células derivadas das CTs embrionárias, têm efeito terapêutico *in vivo?*

Sim, na literatura temos vários estudos relatando que, quando transplantadas em modelos animais, elas são capazes de aliviar os sintomas de diversas doenças, desde diabetes e doença de Parkinson até paralisia causada por lesão de medula espinhal. E, ao contrário das CTs mesenquimais, cujo mecanismo de ação terapêutica é pouco conhecido, no caso das CTs embrionárias sabemos que elas agem se integrando, se multiplicando e regenerando o órgão ou tecido doente.

5.1 A polêmica das células-tronco embrionárias

Em 1998 surgiram as primeiras linhagens de CTs embrionárias derivadas de embriões humanos, produzidas na Universidade de Wisconsin, nos EUA [18]. Baseando-se nos métodos de cultivo das CTs embrionárias de camundongo, esses pesquisadores conseguiram desenvolver um meio de cultura adequado para as CTs embrionárias humanas, extraídas de blastocistos humanos. Mas de onde esses embriões vieram?!

Das clínicas de fertilização *in vitro*. Quando um casal recorre aos métodos de reprodução assistida, em particular à fertilização *in vitro* (FIV), a mulher recebe injeções de hormônios para que produza muitos óvulos ao mesmo tempo. Esses óvulos são coletados e, no laboratório, são colocados em contato com os espermatozoides, facilitando a fecundação. Os embriões gerados são cultivados até o estágio de 4 a 8 células, ou até, no máximo, virarem blastocistos. Então, esses embriões (de um a três) são transferidos para o útero.

Três?! O casal terá trigêmeos?! Provavelmente, não. A taxa de implantação dos embriões no útero é em torno de 30%; assim, o mais provável é que dos 3 embriões transferidos somente um se implante e se desenvolva em um bebê.

Como o processo de fertilização *in vitro* não é 100% eficiente, idealmente trabalha-se com um número entre 6 a 10 óvulos por ciclo de FIV (vai depender de quantos óvulos foram produzidos após a estimulação com hormônios). Desses, até 70% serão fecundados, gerando de 4 a 7 zigotos, que serão cultivados até chegarem ao estágio de 4 a 8 células – e perdemos mais uns 20% dos embriões nesta etapa, terminando com 3 a 6 embriões prontos para serem transferidos para o útero.

Ou seja, muitas vezes são gerados mais de três embriões para serem transferidos. Ou, então, o casal não quer correr o risco de ter uma gravidez múltipla e escolhe transferir dois, ou até mesmo só um embrião. E os outros embriões que sobraram, o que é feito com eles?

Os embriões excedentes podem ser descartados (dependendo da legislação do país – no Brasil, é proibido descartar embriões humanos); congelados para uso futuro pelo casal; doados para outro casal que não consiga produzir seus próprios embriões, ou, ainda, doados para pesquisa.

Foi com esses embriões excedentes de FIV que os pesquisadores de Wisconsin trabalharam, cultivando-os até formarem blastocistos, retirando os botões embrionários e adaptando aquelas células às condições de cultivo no laboratório. Considerando que as CTs embrionárias de camundongo surgiram em 1981, levamos um tempo considerável para conseguir fazer a mesma coisa em humanos. Claro, é muito mais fácil obter grandes quantidades de embriões de camundongos do que de pessoas. Além disso, as condições de cultivo das CTs embrionárias humanas diferem um pouco das de camundongos, e levou algum tempo para isso ser descoberto.

O importante é que, desde então, a comunidade científica vem aplicando às CTs embrionárias humanas tudo o que aprendeu sobre controle de diferenciação com as CTs embrionárias de camundongo. Sabemos induzir as CTs embrionárias humanas a se transformarem em diferentes tipos celulares, incluindo neurônio, célula de sangue, de fígado, e até em músculo cardíaco que se contrai nas garrafas de cultura. E inúmeros trabalhos descrevem que, da mesma forma que as de camundongo, essas células humanas têm um efeito terapêutico importante em modelos animais de diversas doenças.

Porém, com o surgimento das CTs embrionárias derivadas de embriões humanos surgiu, também, um novo obstáculo a se vencer para tornar essas células uma realidade terapêutica: a polêmica em torno da destruição de embriões humanos. Ao retirarmos as células do botão embrionário dos blastocistos para obtermos as CTs embrionárias, nós de fato destruímos esses embriões humanos.

Atenção, quando dizemos "embriões humanos" as pessoas tendem a imaginar um feto com forma humana e um coração batendo. Estamos falando de embriões muito mais jovens, com 5 dias de desenvolvimento, compostos de aproximadamente 100 células, e que ainda não estão implantados no útero – aqueles embriões excedentes da fertilização *in vitro* (Figura 15). Mesmo assim, para alguns destruir esses embriões é equivalente a matar pessoas, e esse é um preço inaceitável a se pagar pelas CTs embrionárias. Essa questão foi tema de debate intenso no mundo todo, e cada país resolveu como usar as CTs embrionárias de acordo com suas leis, cultura, religião e história (Figura 14).

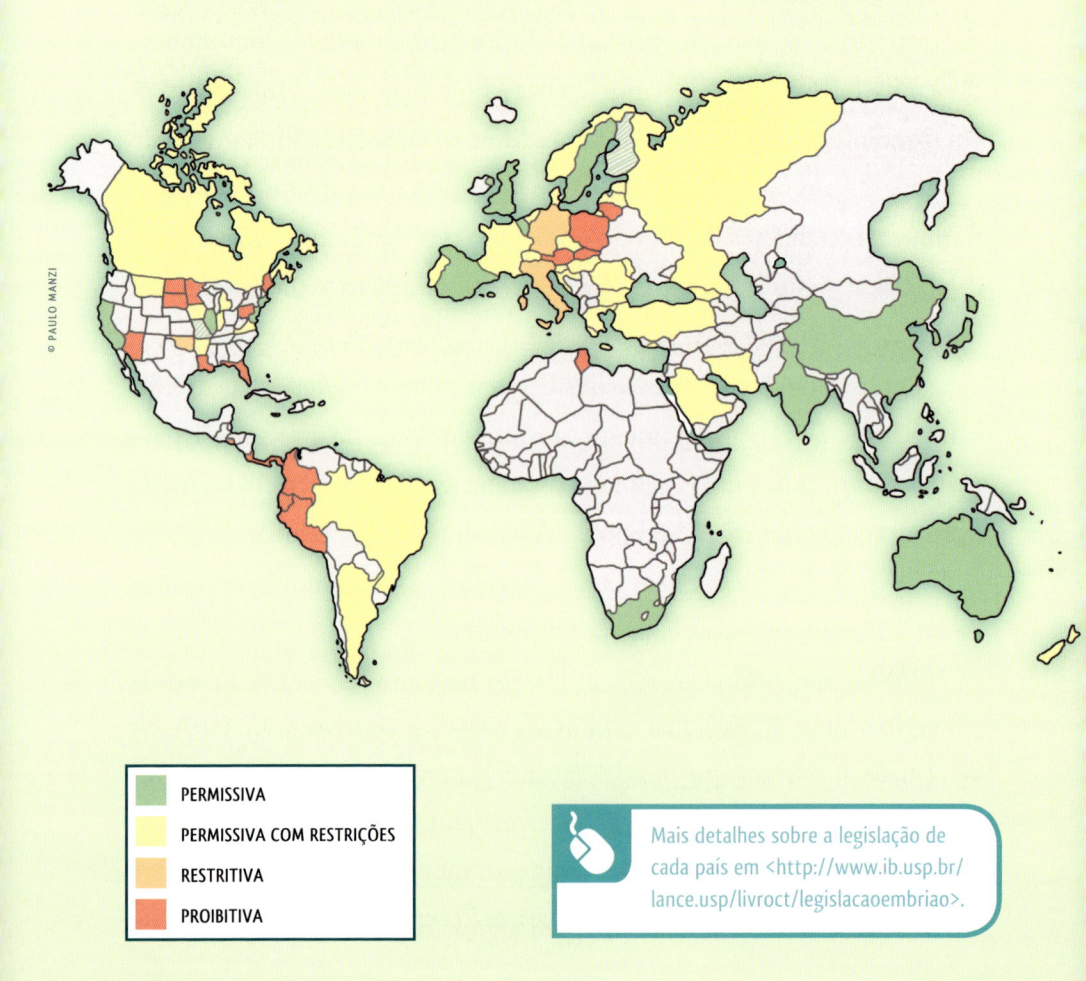

FIGURA 14 – Os diferentes graus de restrição das legislações sobre uso de embriões humanos para pesquisa em cada país

© PAULO MANZI

PERMISSIVA
PERMISSIVA COM RESTRIÇÕES
RESTRITIVA
PROIBITIVA

Mais detalhes sobre a legislação de cada país em <http://www.ib.usp.br/lance.usp/livroct/legislacaoembriao>.

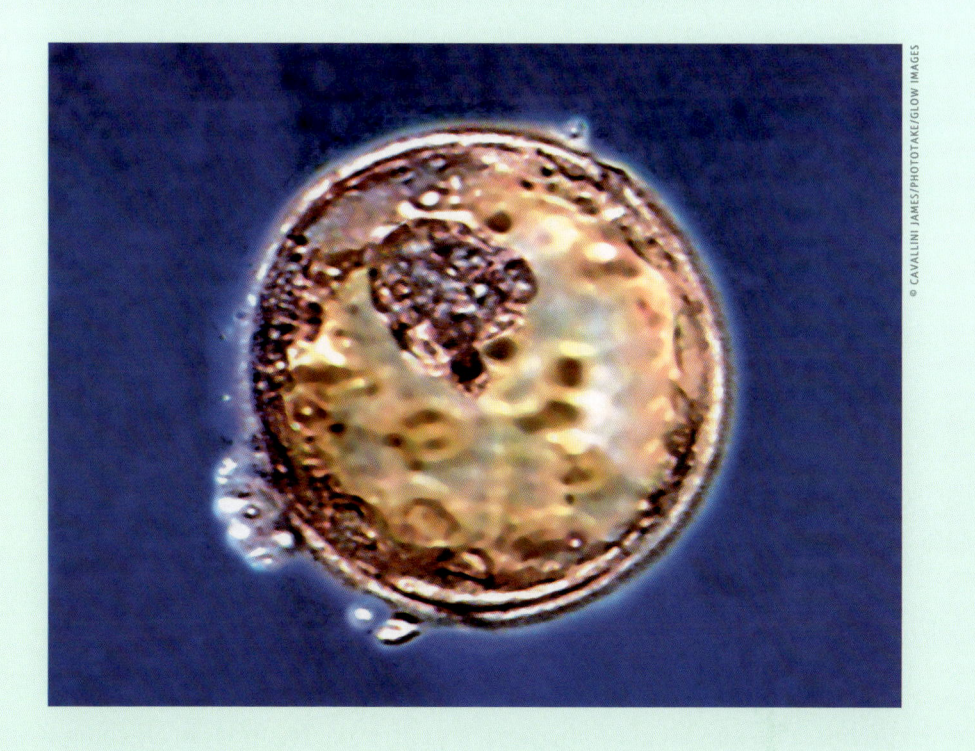

© CAVALLINI JAMES/PHOTOTAKE/GLOW IMAGES

Foto de um blastocisto, embrião humano com 5 dias de desenvolvimento, produzido por fertilização *in vitro*.

A POLÊMICA NO BRASIL

No Brasil, a polêmica do uso do embrião humano foi resolvida na Lei de Biossegurança de 2005, que permite o uso para pesquisa e terapia de embriões produzidos por fertilização *in vitro*, doados com o consentimento dos pais, e que estejam congelados há pelo menos 3 anos – para que os pais tenham tempo para refletir antes de fazer a doação.

Lei de Biossegurança – nº 11.105, de 24 de março de 2005

Art. 5º: É permitida, para fins de pesquisa e terapia, a utilização de células-tronco embrionárias obtidas de embriões humanos produzidos por fertilização *in vitro* e não utilizados no respectivo procedimento, atendidas as seguintes condições:

I – sejam embriões inviáveis; ou

II – sejam embriões congelados há 3 (três) anos ou mais, na data da publicação desta Lei, ou que, já congelados na data da publicação desta Lei, depois de completarem 3 (três) anos, contados a partir da data de congelamento.

§ 1º: Em qualquer caso, é necessário o consentimento dos genitores.

§ 2º: Instituições de pesquisa e serviços de saúde que realizem pesquisa ou terapia com células-tronco embrionárias humanas deverão submeter seus projetos à apreciação e aprovação dos respectivos comitês de ética em pesquisa.

Porém, logo após sua aprovação, um procurador geral da Justiça entrou com uma Ação Direta de Inconstitucionalidade (ADIn) contra a Lei de Biossegurança de 2005. Sua argumentação se baseava na premissa de que "a vida começa na, e a partir da, fecundação". E como o artigo 5º da nossa Constituição garante "aos brasileiros e aos estrangeiros residentes no País a inviolabilidade do direito à vida, à liberdade, à igualdade, à segurança e à propriedade", por permitir a destruição de um embrião humano a Lei de Biossegurança era inconstitucional.

A ADIn foi julgada no Supremo Tribunal Federal, e para isso esse tribunal realizou pela primeira vez uma audiência pública, na qual cientistas pró e contra as pesquisas com CTs embrionárias puderam expor seus argumentos. A princípio, a polêmica girou em torno da definição de vida: este tipo de embrião é uma vida humana ou não?

Ora, é claro que ele é uma **forma** de vida humana, assim como um feto, um recém-nascido ou um idoso também são diferentes formas de vida humana. A real questão é: "Que formas de vida humana nós permitiremos violar?". É fundamental lembrar que a "vida" mencionada na nossa constituição já é legalmente violada em algumas situações: por exemplo, no Brasil reconhecemos como morta uma pessoa com perda definitiva das atividades cerebrais (morte cerebral), apesar de seu coração ainda bater, de seus outros órgãos funcionarem. Esta é uma decisão arbitrária e pragmática, que nos facilita o transplante de órgãos. Porém, não é compartilhada por outros povos, que só consideram morta aquela pessoa cujos órgãos vitais pararam de funcionar.

E no outro extremo da vida humana, durante o desenvolvimento embrionário? Ao proibirmos o aborto estabelecemos ser inaceitável a destruição de um feto. Por outro lado, se esse mesmo feto for o resultado de um estupro ou representar risco de vida para a gestante, no Brasil ele passa a ser uma forma de vida humana legalmente violável, já que nesses casos o aborto é legal (artigo 128 do Código Penal brasileiro).

No que diz respeito às CTs embrionárias, o embrião em questão só tem cerca de 100 células e está congelado em um laboratório. O que estávamos discutindo naquele momento era em que circunstâncias um embrião pré-implantação, ou seja, ainda não implantado no útero, é uma forma de vida humana passível de ser violada.

É importante notar que, talvez sem nos darmos conta, ao aceitarmos as técnicas de reprodução assistida, em 1978, aceitamos a destruição desse embrião, dessa forma de vida humana. Sim, há quase 30 anos que em todo mundo esta prática médica gera embriões humanos ("bebês de proveta") excedentes, que não são utilizados para fins reprodutivos e acabam sendo congelados ou simplesmente descartados – e viemos convivendo com este fato com muita tranquilidade. Por que só agora, quando estes embriões esquecidos em congeladores podem nos ajudar a entender melhor a biologia humana e a achar novos tratamentos para doenças – ou seja, a gerar mais vida – se tornou inaceitável destruí-los?

Foi conveniente ignorar os embriões excedentes da reprodução assistida, pois afinal esta técnica permitiu que milhares de casais com problemas de fertilidade realizassem o sonho de ter filhos. Enquanto isso, o uso das CTs embrionárias para tratar um infarto ou ajudar um paralítico a recuperar os movimentos das pernas ainda está restrito a animais de laboratório. Talvez no dia em que essas células estiverem efetivamente sendo usadas em pacientes seja mais difícil proibir o uso terapêutico daqueles embriões não desejados por seus pais biológicos.

Em maio de 2008 o STF finalmente julgou improcedente a ADIn, consolidando de vez a legalidade da Lei de Biossegurança de 2005. Além de permitir o desenvolvimento das pesquisas com CTs embrionárias, essa lei deixou claro que o Brasil é um país laico, com uma política de desenvolvimento científico moderna, sintonizada com a que os países mais desenvolvidos adotam. Passamos a integrar o grupo que investe em pesquisas com todos os tipos de CTs, incluindo as embrionárias, composto por EUA, Reino Unido, França, Israel, Suécia, China, Japão, Singapura e Austrália, entre outros.

5.2 A longa jornada das células-tronco embrionárias humanas no Brasil

Eu comecei a trabalhar com as CTs embrionárias de camundongo em 1992, durante meu doutorado nos EUA. Ao entrar para a Universidade de São Paulo, em 1996, recebi um financiamento da Fapesp (Fundação de Amparo à Pesquisa do Estado de São Paulo) para montar um laboratório e uma equipe para trabalhar com essas células no Brasil. Assim, utilizando embriões de camundongos, em 2000 já havíamos estabelecido quatro linhagens de CTs embrionárias, chamadas USP-1, -2 -3 e -4, e tínhamos grande experiência em cultivar essas células.

Apesar do entusiasmo com o surgimento em 1998 das primeiras CTs embrionárias humanas, esperamos até a Lei de Biossegurança ser aprovada, em 2005, para começarmos a tentar trabalhar com essas células. Conseguimos importar algumas linhagens de CTs embrionárias humanas dos EUA, e aprendemos as diferenças entre elas e as de camundongo, de modo que pouco depois já conseguíamos multiplicá-las no laboratório. Porém, dependíamos das linhagens de CTs embrionárias humanas de grupos de fora, e em geral elas são cedidas com uma série de restrições quanto ao desenvolvimento de produtos e patentes a partir delas. Uma coisa é **colaborar** com pesquisadores de fora, o que deve ser feito para acelerarmos o desenvolvimento da ciência. Outra é depender deles. Ora, se o Brasil queria investir seriamente em terapia celular, tínhamos de dominar todos os processos, não podíamos depender de células vindas de fora.

Ainda em 2005, quase como uma comemoração à aprovação da Lei de Biossegurança, os ministérios da Saúde e da Ciência e Tecnologia uniram forças para financiar pesquisas com todos os tipos de CTs no Brasil. Nosso grupo propôs a criação de linhagens brasileiras de CTs embrionárias humanas a partir daqueles embriões doados para pesquisa, de acordo com a Lei aprovada, e recebemos o financiamento.

O que significa criar "linhagens de CTs embrionárias humanas"?

Significa retirar de blastocistos humanos aquelas 50-100 células do botão embrionário e fazer com que elas se adaptem às condições de cultura no laboratório, multiplicando-se e dando origem a milhões de células – e sem se diferenciarem, ou seja, mantendo a sua pluripotência, a sua enorme versatilidade (Figura 16a). Uma vez estabelecida a linhagem de células, ou seja, uma vez que as células tenham se adaptado às condições de crescimento no laboratório, elas podem ser distribuídas e utilizadas por vários grupos de pesquisa.

FIGURA 16 – **Criando novas linhagens de células-tronco embrionárias humanas**

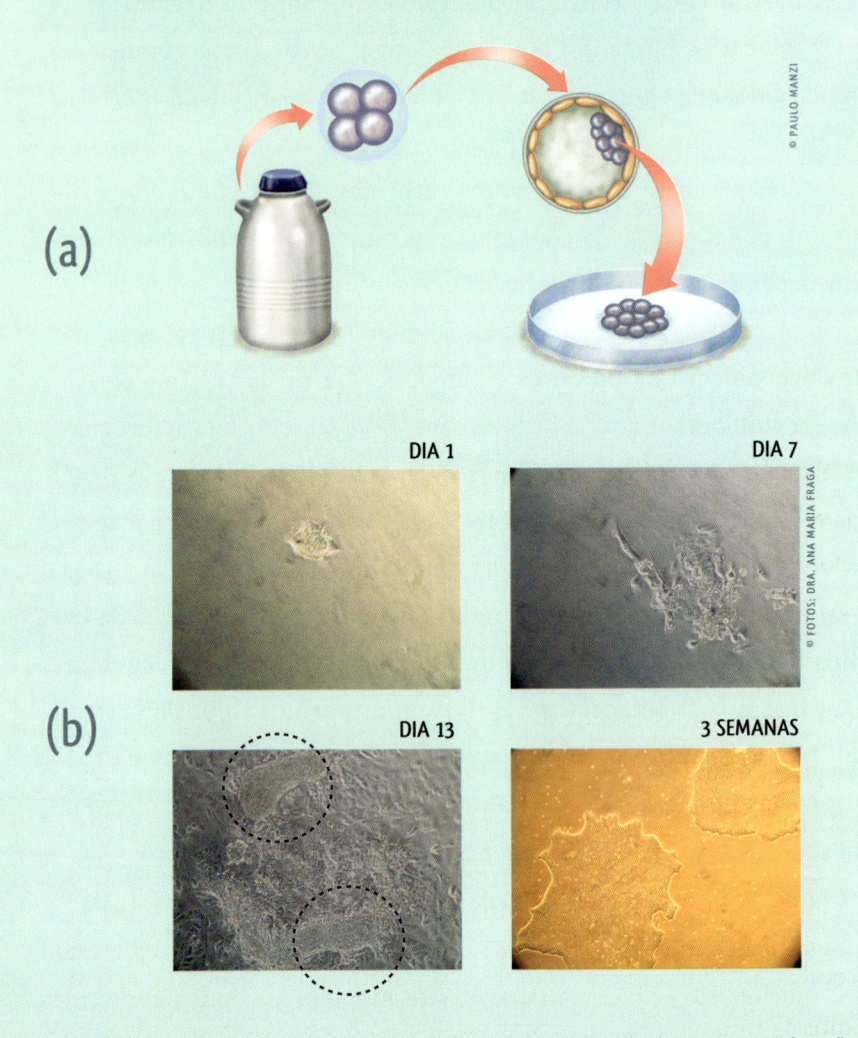

(a) Embriões produzidos por fertilização *in vitro*, congelados e doados para pesquisa, são descongelados e cultivados até chegarem ao estágio de blastocisto. O botão embrionário é isolado e colocado em frasco de cultura.

(b) Botão embrionário do embrião "embA" se multiplicando e dando origem à linhagem de células-tronco embrionárias humanas BR-1. Com 13 dias de cultura identificamos regiões de células com aspecto de células-tronco embrionárias (círculos tracejados). Após três semanas de cultivo, percebemos as colônias de células-tronco embrionárias puras.

A criação de uma nova linhagem de CTs embrionárias envolve diferentes competências, desde biologia celular e molecular até reprodução humana. Tínhamos o apoio de pesquisadores da Universidade Federal do Rio de Janeiro (UFRJ), que nos apresentaram a grupos da Califórnia com grande experiência em isolar o botão embrionário, contendo as CTs embrionárias humanas, de blastocistos. Nossa estratégia foi trazer alguns desses pesquisadores dos EUA para São Paulo, para nos ensinarem aqui, nas nossas condições de laboratórios, como fazer aquela etapa inicial tão delicada de adaptação das células do blastocisto ao ambiente do laboratório. Reconhecemos que o embrião humano não é um material biológico trivial, e queríamos minimizar a perda de embriões durante o nosso aprendizado – daí trazer pesquisadores que nos passassem seus conhecimentos.

Do lado dos embriologistas, contávamos com a colaboração fundamental do Instituto Sapientiae, ligado à clínica de reprodução humana Fertility, em São Paulo, e do Centro de Reprodução Humana Prof. Franco Júnior, em Ribeirão Preto. As clínicas de reprodução humana são as guardiãs dos embriões doados para pesquisa, e esses dois grupos colocaram seus embriões à nossa disposição.

Todos os embriões humanos que tínhamos disponíveis para pesquisa haviam sido congelados quando ainda estavam no estágio de 4 a 8 células. Porém, as células do botão embrionário, a partir das quais fazemos as linhagens de CTs embrionárias, só vão aparecer mais tarde, no blastocisto, que é um embrião de 100 células. Assim, a primeira fase do nosso experimento envolvia descongelar os embriões doados e cultivá-los no laboratório, para que crescessem e atingissem o estágio de blastocisto. Embriões humanos são extremamente frágeis e sensíveis a mínimas variações das condições de cultivo – e por isso toda essa parte foi realizada nas clínicas de reprodução humana, já especializadas nesses processos.

As dificuldades foram muitas. Os embriões doados para pesquisa em geral são os de pior qualidade – os melhores foram usados pelo casal para terem um bebê. Assim, menos de 15% dos embriões disponíveis sobreviviam ao descongelamento e conseguiam crescer até virarem blastocistos. Isolávamos o botão embrionário de cada blastocisto, e no laboratório na USP os colocávamos em frascos de cultivo com diferentes meios de cultura, esperando que as células se adaptassem a eles.

Foram dois anos de muito trabalho e muitos resultados negativos. Muitos botões embrionários não sobreviviam à transição, e no dia seguinte encontrávamos as células todas mortas. Em outros, as células começavam a crescer, mas duas semanas depois paravam e também começavam a morrer. Trocávamos um ou outro reagente, e começávamos tudo de novo. A equipe não tinha fins de semana nem feriados – as células tinham de ser cuidadas todos os dias.

Até que em agosto de 2008, experimentando um novo meio de cultivo mais sofisticado, conseguimos que um botão embrionário, do embrião denominado "embA", conseguisse crescer por mais de duas semanas, formando um aglomerado de células com cara mesmo de CTs embrionárias (Figura 16b). Sim, nós conhecemos "a cara" dos diferentes tipos de células, sejam elas fibroblastos, células do sangue ou neurônios: cada uma tem um aspecto particular. E as células que apareceram naquela placa tinham o jeito bem característico de CTs embrionárias humanas.

Essas células seguiram se multiplicando e passaram em todos os testes para demonstrar sua pluripotência, incluindo a formação de tumores em camundongos. E assim, em outubro de 2008, anunciamos o estabelecimento da primeira linhagem de CTs embrionárias brasileiras, que chamamos de BR-1 em homenagem ao Governo Federal que financiou nossas pesquisas. O estabelecimento dessa linhagem deu autonomia ao nosso país para o desenvolvimento de terapias com CTs embrionárias.

Desde então, em parceria com a UFRJ e com o financiamento do governo federal, criamos o Laboratório Nacional de Células-tronco Embrionárias (LaNCE), cuja missão é promover as pesquisas e terapias com CTs pluripotentes no Brasil. Para isso, estabelecemos mais linhagens de CTs embrionárias, cedemos as células para a nossa comunidade científica, treinamos pesquisadores em como cultivar essas células e desenvolvemos técnicas e reagentes para produzir as células em larga escala – afinal, se um dia quisermos regenerar um órgão humano com células derivadas das CTs embrionárias, precisaremos de grandes quantidades desse material.

Até 2010, o LaNCE-USP já havia estabelecido mais 3 linhagens de CTs embrionárias (BR-2, -4 e -5). Enquanto isso, o LaNCE-UFRJ desenvolveu um meio de cultura novo que faz as células se multiplicarem mais rapidamente, e conseguiu cultivá-las em grandes frascos, aumentando significativamente a produção dessas células. Além disso, os dois laboratórios treinaram grupos de pesquisa nacionais que agora estudam o uso das CTs embrionárias para o tratamento de doenças cardíacas, diabetes, doença de Parkinson e lesão de medula, ainda em modelos animais. E quando os resultados dessas pesquisas forem bons o suficiente para iniciarem testes em pacientes, os dois laboratórios do LaNCE terão toda a infraestrutura necessária para produzir as CTs embrionárias com o rigor técnico e sanitário necessário para uso em humanos.

5.3 Testes clínicos com células-tronco embrionárias humanas

Porém, apesar de todo o entusiasmo em relação às terapias com CTs embrionárias, até o início de 2010 não existia nenhum teste clínico em andamento utilizando estas células como forma de tratamento. Por quê?

Antes de começarmos testes clínicos injetando células derivadas de CTs embrionárias em seres humanos, há algumas questões fundamentais que devem ser resolvidas. A primeira diz respeito à segurança dessas células. Se por um lado a grande versatilidade das CTs embrionárias é uma vantagem – a partir delas podemos gerar vários tipos de tecidos –, por outro lado essa pluripotência representa um risco.

Como já dissemos, nas terapias com CTs embrionárias, antes de utilizá-las num transplante precisamos primeiro, no laboratório, dirigir sua especialização no tipo de tecido desejado. Temos, então, de nos certificar de que, por exemplo, entre os neurônios gerados a partir das CTs embrionárias não tenham sobrado algumas células que, quando transplantadas num paciente com Parkinson, possam gerar um tumor no cérebro dele. Assim, um grande desafio nas terapias com CTs embrionárias é o desenvolvimento de métodos eficientes de diferenciação dessas células, de forma a gerar tecidos para transplante que não contenham células ainda indiferenciadas que possam dar origem a tumores. Na literatura científica encontramos várias publicações descrevendo esses protocolos e testando em modelos animais a eficácia e segurança das células diferenciadas produzidas.

Uma segunda questão importantíssima diz respeito à compatibilidade entre as CTs embrionárias e o paciente. Em qualquer transplante é necessário existir uma compatibilidade entre doador e receptor para que o órgão não seja rejeitado (notem que com as CTs adultas em geral as terapias são feitas com células do próprio paciente, e assim não existe essa questão da rejeição). O mesmo deve acontecer com um transplante de CTs embrionárias?

Na verdade, ainda não sabemos com certeza se, ou o quanto, os tecidos derivados das CTs embrionárias sofrerão rejeição pelo sistema imunológico do paciente. Mas essa é uma questão importante que pode dificultar o uso terapêutico dessas células.

Em conclusão, em modelos animais as CTs embrionárias têm um efeito terapêutico importante em diferentes doenças – mas quando começaremos os testes em seres humanos?

No início de 2009, foi aprovado nos EUA o primeiro teste clínico com células produzidas a partir de CTs embrionárias: células do sistema nervoso para o tratamento de lesão de medula, desenvolvidas pela empresa Geron. Trabalhando com uma das primeiras linhagens de CTs embrionárias humanas, chamada H9, eles desenvolveram um método para transformá-las em **oligodendrócitos** (um tipo específico de células do sistema nervoso) que, quando injetados em camundongos com lesão de medula, levavam a uma recuperação significativa dos movimentos dos animais.

Em 2010 a Geron iniciou os testes em seres humanos, tendo até o final de 2011 injetado os oligodendrócitos produzidos a partir das CTs embrionárias humanas em 4 pacientes com lesão de medula, sem observar nenhum efeito adverso após 3 meses do tratamento. E em 2010, outra empresa norte-americana recebeu permissão, também nos EUA, para iniciar testes em pacientes com um tipo de degeneração da mácula, utilizando células de retina produzidas a partir de CTs embrionárias. No início de 2012 essa empresa publicou um artigo relatando que os 2 pacientes tratados não apresentaram nenhum tumor depois de 4 meses do transplante – resta ver como eles se desenvolverão a mais longo prazo [19].

Os dois estudos serão realizados em 8-12 pacientes, e pretendem avaliar principalmente a segurança dos procedimentos – ou seja, se as células transplantadas se comportam como esperávamos, ou formam algum tipo de tumor ou um efeito colateral inesperado –, e se as células transplantadas sofrem rejeição pelo organismo. Para isso, os pacientes terão de ser acompanhados por pelo menos dois anos. Se esses primeiros resultados forem positivos, a expectativa é de que a área avançará mais rapidamente, e outros testes clínicos com CTs embrionárias para o tratamento de diabetes e doença cardíaca também se iniciarão nos próximos anos.

5.4 Terapia celular personalizada

Apesar de ainda não sabermos o quão importante será a questão da compatibilidade entre os tecidos derivados das CTs embrionárias e o paciente, uma solução seria criar um banco dessas células, cada uma derivada de um embrião diferente, de forma a encontrar uma compatível com o paciente – e alguns países trabalham nesse sentido.

Porém, nos últimos 40 anos, aprendemos com bancos de medula óssea e de SCUP como é difícil encontrar doadores compatíveis para a maioria dos pacientes. Uma alternativa, então, seria criar CTs embrionárias "sob medida", ou seja, geneticamente idênticas ao paciente.

CLONAGEM HUMANA

A primeira estratégia utilizada para isso foi a **clonagem**, uma forma de reprodução assexuada, ou seja, que não envolve óvulos e espermatozoides, que gera indivíduos geneticamente idênticos ao original. Alguns seres vivos se multiplicam naturalmente por clonagem. Quando uma bactéria – ser vivo composto de uma única célula – se divide, ela produz dois descendentes geneticamente idênticos. Algumas plantas se reproduzem a partir de mudas, de pedaços delas mesmas que geram outras plantas completas geneticamente idênticas à planta original: clones da planta original.

Já mamíferos se reproduzem de forma sexuada, ou seja, unindo óvulo com espermatozoide para a geração de um novo genoma e, assim, de um indivíduo geneticamente inédito, uma mistura dos genomas materno e paterno. Porém, se todas as nossas células contêm um genoma completo, não seria possível a partir uma célula qualquer do nosso corpo gerar um ser geneticamente idêntico a nós – um clone?

Cientistas conseguiram fazer um clone de um mamífero pela primeira vez em 1996: a ovelha Dolly [20]. A estratégia da clonagem é transferir o núcleo de uma célula do indivíduo a ser clonado, contendo o genoma completo desse indivíduo, para dentro de um óvulo cujo núcleo foi destruído (Figura 17). Quando o embrião resultante começar a se desenvolver, ele seguirá as instruções do genoma trocado, dando origem a um ser geneticamente idêntico ao indivíduo doador da célula: um clone dele. O processo é muito ineficiente em mamíferos, e até se conseguir o nascimento de um clone normal acontecem vários abortos de animais malformados, ou mortes logo após o nascimento. Mesmo assim, várias espécies de mamíferos já foram clonadas, incluindo camundongos, bovinos, cavalos, cães, gatos e até macacos.

A clonagem de seres humanos é proibida em quase todos os países, incluindo o Brasil: além dos aspectos legais, psicológicos e sociais, seria absolutamente antiético permitirmos em seres humanos uma técnica de reprodução tão desastrosa. Porém, utilizando a mesma estratégia de transferência nuclear utilizada na clonagem, podemos gerar CTs embrionárias geneticamente idênticas ao paciente.

A chamada **clonagem terapêutica** começa com a transferência do núcleo de uma célula qualquer do paciente para um óvulo sem núcleo, criando assim um embrião geneticamente idêntico àquele indivíduo

FIGURA 17 – **Clonagem animal**

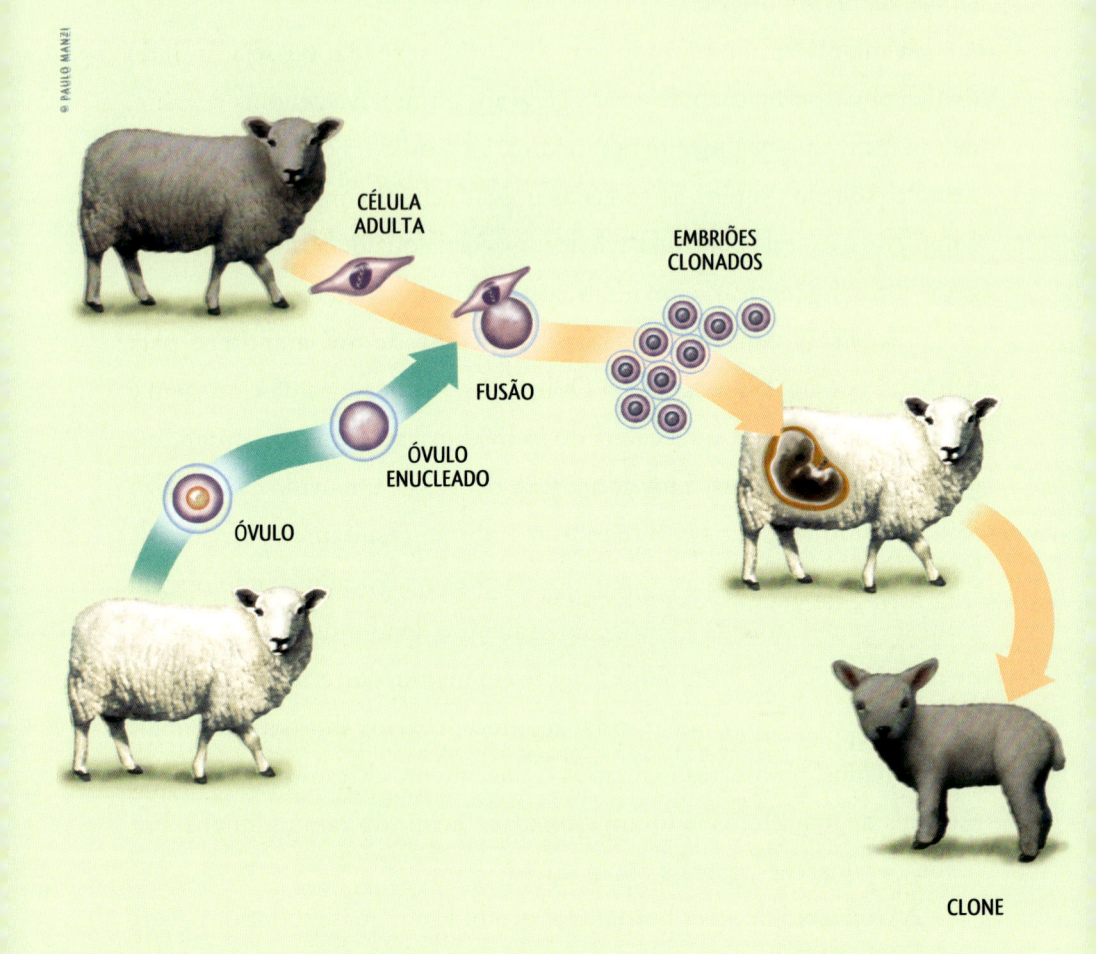

© PAULO MANZI

CÉLULA
ADULTA

EMBRIÕES
CLONADOS

FUSÃO

ÓVULO
ENUCLEADO

ÓVULO

CLONE

Transferência do núcleo de uma célula adulta para um óvulo cujo núcleo foi destruído. O novo núcleo é reprogramado pelo óvulo e passa a se comportar como um zigoto. O embrião resultante se desenvolve, dando origem a uma ovelha geneticamente idêntica à ovelha doadora da célula adulta: um clone.

(Figura 18a). Esse embrião é cultivado no laboratório, e quando chegar ao estágio de blastocisto, em vez de transferi-lo para um útero – o que configuraria a clonagem reprodutiva, proibida em seres humanos –, retiraremos desse embrião as CTs embrionárias. Como essas seriam geneticamente idênticas ao paciente, teoricamente qualquer tecido derivado delas não sofreria rejeição quando transplantado.

A clonagem terapêutica (ou transferência nuclear, como alguns preferem chamá-la, para se evitar o polêmico termo **clonagem humana**) já foi feita em camundongos e macacos, mas ainda não se teve êxito em humanos. Como a técnica é pouco eficiente, é necessário um grande número de óvulos, e óvulos humanos não são de fácil obtenção.

CÉLULAS-TRONCO PLURIPOTENTES INDUZIDAS

Enquanto alguns grupos investiam na transferência nuclear como uma forma de gerar CTs embrionárias humanas geneticamente idênticas ao paciente, outra estratégia muito mais simples estava sendo desenvolvida no Japão [21]. Na transferência nuclear, ao se colocar o núcleo da célula adulta dentro de um óvulo, fatores desconhecidos desse óvulo agem sobre o genoma daquela célula, reprogramando-o para que se comporte como o genoma de um zigoto, aquela primeira célula do embrião resultante da fusão de óvulo e espermatozoide.

Ou seja, se o genoma daquela célula de pele (fibroblasto), por exemplo, tinha somente os genes de fibroblasto ativados, a reprogramação desse núcleo faz com que outro conjunto de genes seja ligado, aquele específico de célula de zigoto. E a partir daí, esse "zigoto" inicia o desenvolvimento embrionário até dar origem ao blastocisto, de onde retiraríamos as CTs embrionárias.

Enquanto alguns grupos de pesquisa tentavam identificar esses fatores dos óvulos que levam à reprogramação do genoma adulto, um

FIGURA 18 – **Reprogramação celular**

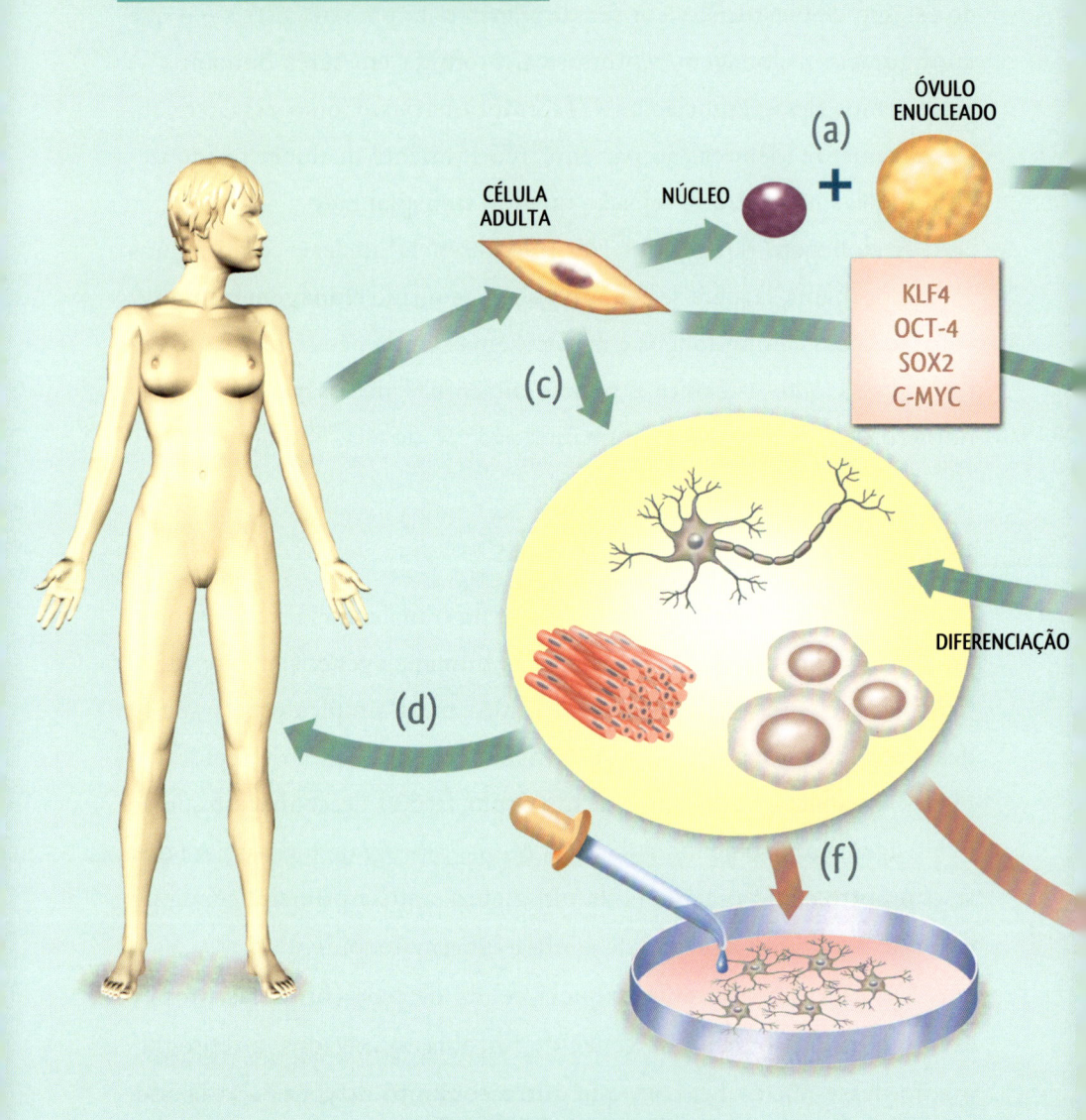

Existem três formas de se mudar a identidade de uma célula adulta:

(a) **Clonagem terapêutica:** colocando o núcleo de uma célula de pele dentro de um óvulo, criamos um embrião clonado, que pode ser cultivado no laboratório até chegar ao estágio de blastocisto. As células do botão embrionário darão origem às células-tronco embrionárias geneticamente idênticas às do paciente, que agora podem se diferenciar, tornando-se o tipo celular adequado para tratar sua doença.

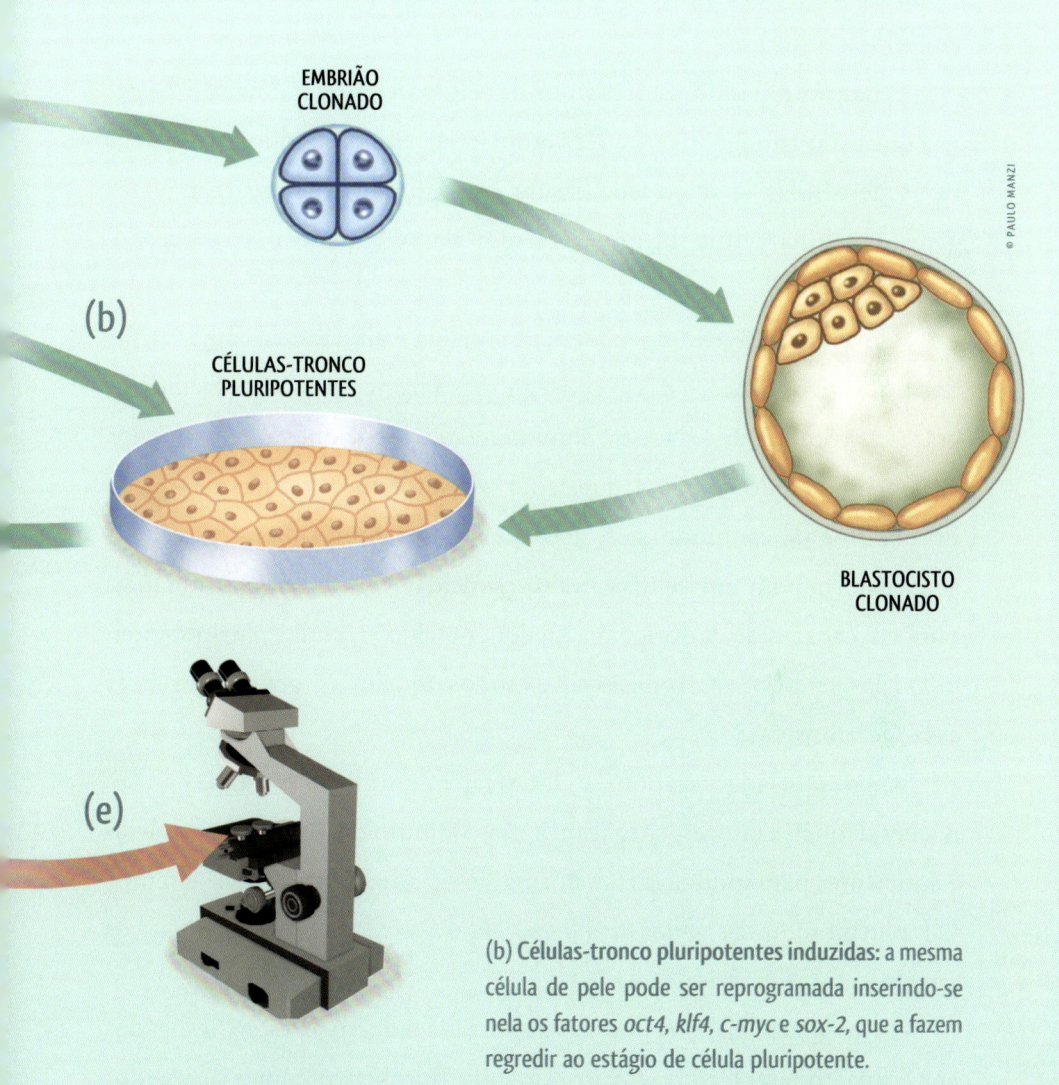

EMBRIÃO CLONADO

(b)

CÉLULAS-TRONCO PLURIPOTENTES

BLASTOCISTO CLONADO

(e)

© PAULO MANZI

(b) **Células-tronco pluripotentes induzidas:** a mesma célula de pele pode ser reprogramada inserindo-se nela os fatores *oct4, klf4, c-myc* e *sox-2*, que a fazem regredir ao estágio de célula pluripotente.

(c) **Reprogramação direta:** introduzindo outros fatores na célula de pele, podemos induzi-la a se transformar diretamente do tipo celular desejado, sem que ela tenha que passar pelo estágio de célula-tronco embrionária.

As células diferenciadas produzidas por esses métodos podem ser usadas (d) para transplante, (e) para pesquisa, ou (f) para o teste de novos medicamentos.

grupo da Universidade de Kyoto resolveu investigar o que fazia as CTs embrionárias serem diferentes de outros tipos de células. Qual era o conjunto de genes ativos em CTs embrionárias que não estavam ativos em células adultas?

Analisando os diferentes tipos de células, eles selecionaram 24 genes que estavam ligados nas CTs embrionárias e desligados em outros tipos de células – se conseguissem de alguma forma reativar esses genes em uma célula adulta, será que ela se transformaria em CT embrionária?

Uma forma de ativar genes em uma célula é inserir nela cópias ativas dos respectivos genes – e isso conseguimos fazer com relativa facilidade, graças às técnicas de DNA recombinante que mencionei anteriormente. Pois bem, quando cópias daqueles 24 genes foram colocadas dentro de fibroblastos de camundongos, após uns dias algumas daquelas células se transformaram em células muito parecidas com CTs embrionárias, também capazes de dar origem a qualquer tecido – células pluripotentes.

Mas será que eram necessários todos aqueles 24 genes para fazer essa metamorfose?

Os pesquisadores japoneses foram além e, utilizando várias combinações daqueles fatores, chegaram a um conjunto de 4 genes necessários e suficientes para induzir a transformação de uma célula de pele em uma CT pluripotente: os genes *oct4*, *c-myc*, *klf4* e *sox2*, que são muito ativos em CTs embrionárias.

Esses genes existem em todas as nossas células, mas estão desligados em células diferenciadas. Ao inserir num fibroblasto cópias ativas dos quatro genes, eles produzirão as respectivas proteínas características de CTs embrionárias naquela célula. Ainda não sabemos exatamente como, mas essas quatro proteínas reprogramam o genoma da célula adulta, ligando e desligando uma série de outros genes, fazendo com que a célula volte no tempo, e regrida a um estágio de célula pluripotente, equivalente a uma CT embrionária.

Como essas células não eram pluripotentes originalmente – elas foram induzidas pelos quatro genes a se tornar tão versáteis – o grupo japonês as batizou de **células-tronco pluripotentes induzidas**, ou, do inglês, *induced pluripotent stem cells*, iPSCs. No ano seguinte, esse mesmo grupo conseguiu gerar iPSCs a partir de fibroblastos humanos, utilizando o mesmo conjunto de quatro genes [22]. E agora com essas CTs pluripotentes geneticamente idênticas ao paciente, podemos diferenciá-las no tipo de célula específica para tratar a doença daquele indivíduo, teoricamente sem risco de as células serem rejeitadas pelo seu sistema imunológico (Figura 18b).

As iPSCs foram uma revolução na área de pesquisa em CTs, e esse método mais simples de se obter CTs pluripotentes foi rapidamente adotado por dezenas de laboratórios no mundo todo. Alguns chegaram a dizer que, com as iPSCs, não havia mais a necessidade de trabalhar com as polêmicas CTs embrionárias – afinal de contas, tínhamos agora um método mais fácil de obter CTs pluripotentes, e que não envolvia óvulos nem a destruição de embriões humanos.

Porém, ainda é cedo para dizermos que as iPSCs são melhores ou idênticas às CTs embrionárias, e essas comparações são tema de pesquisa em vários laboratórios do mundo. No que diz respeito ao uso terapêutico, as iPSCs têm o mesmo risco de gerar tumores que as CTs embrionárias – esse risco é inerente a qualquer CT pluripotente. Além do mais, lembre-se de que, para transformá-las em CTs pluripotentes, introduzimos em seu genoma cópias extras daqueles quatro genes – e isso representa um risco adicional de essas células se comportarem de forma inesperada. A grande vantagem das iPSCs sobre as CTs embrionárias é a de serem geneticamente idênticas ao paciente, e assim, teoricamente, não gerarem uma resposta imunológica quando nele transplantadas.

É importante ressaltar que, apesar da clonagem terapêutica, ou as iPSCs talvez resolverem a questão da compatibilidade das CTs pluripotentes com o paciente, essas estratégias não poderiam ser utilizadas em indivíduos com doenças genéticas como hemofilia, fibrose cística ou distrofia muscular. Essas doenças são causadas por mutações, por defeitos em genes específicos. As CTs pluripotentes geradas a partir das células desses pacientes também carregariam o defeito genético, e por isso não seriam capazes de gerar tecidos sadios para transplante... Assim, para o tratamento de doenças genéticas com CTs – sejam pluripotentes, da medula ou do SCUP – a princípio a melhor alternativa seria conseguir um doador saudável aparentado, que tem maior chance de ser compatível com o paciente.

Mas vamos imaginar que um dia resolveremos a questão da segurança das iPSCs e que, no caso das doenças genéticas, poderemos até consertar o gene defeituoso nas células e gerar tecidos sadios para transplantar no paciente – e isso deve acontecer muito em breve. Será que a terapia celular personalizada seria de fato viável?

Veja, para aprovar o uso em humanos dos oligodendrócitos produzidos a partir das CTs embrionárias H9, a empresa Geron teve de testá-los em mais de 2.000 animais para mostrar que eram seguros. Se agora eles quiserem usar outra linhagem de CTs embrionárias para gerar aquelas células do sistema nervoso, por exemplo a nossa BR-1, eles não podem simplesmente aplicar a mesma metodologia de diferenciação em oligodendrócitos desenvolvida para a linhagem H9 e assumir que as CTs embrionárias BR-1 se comportarão exatamente da mesma forma e gerarão tecidos seguros. Eles terão de testar os oligodendrócitos produzidos a partir das células BR-1 em modelos animais para demonstrar que também são seguros – ou seja, que não criam tumores.

Logo, se pensarmos que a terapia celular personalizada pretende gerar CTs pluripotentes geneticamente idênticas a cada paciente, cada terapia, em tese, terá de ser testada extensamente em modelos animais antes de ser aplicada no paciente. Imaginem então o tempo necessário para desenvolver cada terapia – criar as iPSC do paciente; no caso de doença genética, corrigir o defeito gênico das células; diferenciá-las no tecido desejado; testar em modelos animais para demonstrar segurança –, e os custos envolvidos... Apesar de complexos, os aspectos técnicos/científicos da terapia celular sob medida com as iPSCs poderão ser equacionados – já a viabilidade econômica do procedimento é, a meu ver, o seu maior impeditivo.

REPROGRAMAÇÃO DIRETA

Mas, se podemos reprogramar uma célula, por que não reprogramá-la diretamente para o tipo celular que nos interessa, sem ter de voltar ao estágio de CT embrionária?

Se uma célula de pele possui um genoma completo em seu núcleo, ela tem ali toda a informação para ser, por exemplo, um neurônio. Será que não conseguimos ligar esta programação de ser neurônio sem ter de dar uma volta imensa até o estágio embrionário, para só depois induzir a diferenciação neural (Figura 18c)? Teoricamente seria mais rápido, e geraria populações de células mais seguras, já que evitaria a passagem pelo estágio de célula pluripotente, que pode formar tumores.

De fato, esse foi o raciocínio de vários grupos. O desafio era descobrir quais genes ativar para reprogramar uma célula de pele em neurônio, ou cardiomiócito, e assim por diante. A melhor forma de descobrir isso é estudar os genes específicos que são ativados durante o desenvolvimento de cada tipo de tecido no embrião. Assim, juntando essas informações com uma boa dose de tentativa e erro, em fevereiro de 2010 um grupo da Universidade de Stanford, nos EUA, descreveu a reprogramação direta de fibroblastos de camundongo em neurônios [23]. Eles mostraram que ao induzir nos fibroblastos a expressão dos genes *Brn2*, *Ascl1* e *Myt1l*, que são ativos exclusivamente em células do sistema nervoso, em 12 dias aquelas células de pele passavam a se comportar como neurônios, tendo até a capacidade de transmitir sinais elétricos. Em agosto de 2011 o mesmo grupo descreveu a reprogramação direta de fibroblastos humanos em neurônios utilizando o mesmo conjunto de genes [24].

A partir daí, uma série de outros trabalhos foram publicados descrevendo a reprogramação direta de fibroblastos em diferentes tipos celulares. Para cada um é necessária a indução da expressão de um conjunto específico de genes, de acordo com o tipo celular desejado. Assim, se ativarmos os genes *Gata4*, *Mef2c*, e *Tbx5* em fibroblastos, estes se transformam em cardiomiócitos, células do músculo cardíaco [25]. Já para reprogramarmos esses mesmos fibroblastos em células do fígado, precisamos ativar os genes *Gata4*, *Hnf1a* e *Foxa3*, e desligar o gene *p19^{Arf}* [26]. E se quisermos produzir células do sangue temos de ativar a expressão de *OCT4* nos fibroblastos, e colocá-los em meio de cultura de células de sangue [27].

Podemos ser ainda mais sofisticados nesta reprogramação celular, e a partir de fibroblastos gerar tipos celulares ainda mais especializados. Por exemplo: no nosso sistema nervoso existem muitos tipos diferentes de neurônios e, dependendo do subgrupo de neurônios doente, o paciente terá uma doença neurológica diferente. A doença de Parkinson e a Esclerose Lateral Amiotrófica (ELA) são doenças neurodegenerativas. Porém, em cada uma um tipo diferente de neurônio está afetado – logo, a terapia celular de cada uma deverá envolver a produção daquele tipo específico de célula.

A doença de Parkinson é causada por perda de neurônios que produzem o neurotransmissor dopamina – os chamados neurônios dopaminérgicos, células extremamente especializadas. A deficiência de dopamina leva os pacientes a desenvolverem tremores e movimentos involuntários. Para produzir aquele tipo celular a partir de CTs pluripotentes, temos primeiro de diferenciá-las em neurônios imaturos, e em seguida fazer com que estes se desenvolvam em neurônios dopaminérgicos. Com a reprogramação direta, descobrimos que a ativação dos genes *Mash1*, *Nurr1* e *Lmx1a* em fibroblastos transforma estas células de pele diretamente em neurônios produtores de dopamina [28].

Já a ELA é uma doença caracterizada pela degeneração dos neurônios motores, aqueles que transmitem o impulso nervoso para os músculos e controlam nossos movimentos voluntários. Com a perda desses neurônios, os músculos deixam de ser estimulados e se atrofiam. Pois bem, para reprogramarmos um fibroblasto em neurônio motor, devemos ativar não só os genes *Ascl1*, *Brn2* e *Myt1l* necessários para gerar neurônios, mas também os genes *Lhx3*, *Hb9*, *Isl1* e *Ngn2* [29].

As perspectivas de reprogramação celular direta são fascinantes. Com ela potencialmente seremos capazes de produzir células e tecidos para terapia de forma mais segura e eficaz. Mas antes precisamos aprender muito mais sobre os circuitos de genes envolvidos no desenvolvimento de cada tipo celular, sobre a sequência de eventos que transforma aquela única célula resultante da fecundação em um indivíduo complexo como o ser humano.

5.5 Estudando biologia humana com as células-tronco pluripotentes

De fato, a meu ver uma das perguntas mais fascinantes em biologia é: como passamos da única célula que fomos um dia para este trilhão de células que nos compõe? Como aquelas células do embrião, inicialmente idênticas, se organizam para se multiplicar e especializar dando origem aos mais de 200 tipos de tecidos diferentes no nosso corpo? E como podemos estudar esse processo no ser humano, se ele se dá dentro do útero?

Uma forma é utilizar as CTs embrionárias. Lembre-se, podemos induzir sua diferenciação em garrafas de cultura no laboratório – ao fazermos que virem músculo ou neurônios, por exemplo, elas reproduzem no laboratório o processo de diferenciação que fariam no embrião humano, o que nos permite observar e entender todos os eventos necessários para essa transformação. Ou seja, CTs pluripotentes se especializando no laboratório são um modelo experimental do desenvolvimento embrionário humano.

Claro que das nossas células nas garrafas de cultura não crescerá nenhum bebê, nem feto nem embrião – mas "nascerão" células especializadas, e até tecidos com algum nível de organização, como acontece durante o desenvolvimento de um embrião humano. E agora poderemos estudar em detalhes a sequência de eventos que levam uma célula indiferenciada a se tornar sangue, fígado, e assim por diante. Quais são os genes ativados? E os desativados? Em que ordem?

Isso é pesquisa básica, aquela que visa o conhecimento puro, sem necessariamente um objetivo de aplicação. Esse tipo de pesquisa, como o nome sugere, é a base para o desenvolvimento da pesquisa aplicada, aquela que pretende utilizar um conhecimento para desenvolver algum novo método ou produto. Ora, ao desvendarmos os mecanismos envolvidos na capacidade das CTs embrionárias de se transformarem em qualquer tipo de célula, aprendemos sobre a biologia do ser humano – aprendemos como nós funcionamos. Esses conhecimentos básicos podem, a longo prazo, trazer grandes benefícios à saúde humana.

CÉLULAS-TRONCO PLURIPOTENTES INDUZIDAS COMO MODELOS DE DOENÇAS GENÉTICAS

Por outro lado, iPSCs geradas a partir de células de pacientes com diferentes doenças genéticas nos ajudam a entender no laboratório os mecanismos básicos por trás dessas doenças. Lembram-se de que eu disse que no caso de indivíduos com doenças genéticas suas iPSCs teriam o mesmo defeito genético, e que por isso seriam incapazes de gerar tecidos sadios para tratar sua doença? Pois bem, isso pode ser usado como uma ferramenta para estudarmos aquela doença no laboratório.

Vamos voltar aos exemplos da doença de Parkinson e da ELA. Sabemos que existem várias alterações neurológicas nos pacientes, mas como podemos ter acesso aos neurônios dopaminérgicos do Parkinson, ou aos neurônios motores da ELA, para poder estudá-los em detalhes?

Alguns pacientes doam seu cérebro para pesquisa, mas esse material é escasso e nem sempre adequado para esse tipo de pesquisa. Afinal, queremos acompanhar a vida daqueles neurônios, desde seu surgimento a partir de células indiferenciadas, até eles iniciarem sua degeneração.

Ora, agora que sabemos reprogramar células da pele, podemos fazer pequenas biópsias nesses pacientes, multiplicar os fibroblastos no laboratório, e gerar as iPSCs a partir deles. Essas iPSCs por sua vez podem ser diferenciadas em células nervosas, e pronto: temos uma fonte quase inesgotável de neurônios de todas essas doenças neurológicas.

Mas essas células dos pacientes reproduzirão a doença nas garrafas de cultura? Como se comporta uma cultura de neurônios com Parkinson? E uma cultura de células do músculo cardíaco com arritmia? De fato, se o diagnóstico clínico da doença de Parkinson ou da arritmia é relativamente simples de ser feito em pacientes, será que conseguimos identificar esses sintomas nas células em cultura?

Os primeiros trabalhos descrevendo células iPSCs geradas a partir de indivíduos com doenças genéticas surgiram já em 2008, incluindo iPSCs de uma paciente com ELA, aquela doença neurodegenerativa causada por defeitos nos neurônios motores. Nessa paciente, a doença era resultado de uma mutação no gene *SOD1*, e as células pluripotentes geradas continham a mesma mutação [30]. Para tentar entender como esse defeito genético causa os danos nos neurônios motores, os pesquisadores geraram estas células nervosas a partir das iPSCs da paciente, e também de iPSCs de indivíduos normais. A comparação entre esses dois grupos de neurônios motores, um com ELA e outro normal, poderá trazer novos conhecimentos sobre o mecanismo da doença.

Outro exemplo é o trabalho sobre uma doença cardíaca genética caracterizada por taquicardias e arritmias, e morte súbita por parada cardíaca – a síndrome do QT longo (QT é uma medida das curvas de batimento do coração) [31]. Não só os pesquisadores geraram iPSCs de um paciente com esta síndrome, mas a partir desses produziram cardiomiócitos, células do músculo cardíaco. Nas garrafas de cultura, essas células formam conglomerados que se contraem ritmicamente, como se fizessem parte de um coração.

Veja novamente essas células se contraindo no vídeo em <http://www.ib.usp.br/lance.usp/livroct/video3>

Esse estudo foi mais além, e ao comparar os cardiomiócitos do paciente com síndrome do QT longo (SQTL) com cardiomiócitos de um indivíduo normal, os pesquisadores conseguiram demonstrar que, em cultura, as células com o defeito genético também apresentavam arritmia e outras alterações nos impulsos elétricos de cada contração.

Como assim, fizeram um eletrocardiograma das células em cultura?! Sim, utilizando microeletrodos grudados nas garrafas de cultura, conseguimos avaliar vários parâmetros cardíacos nesses conglomerados de cardiomiócitos.

Além disso, drogas que sabidamente pioram o quadro clínico dos pacientes com SQTL quando colocadas no meio de cultura dos cardiomiócitos doentes também pioraram as condições dessas células. Ou seja, os pesquisadores conseguiram demonstrar que aquelas células estavam de fato se comportando em cultura como as células no coração do paciente.

E agora, o que fazer com esses cardiómiocitos doentes gerados?

Ora, se eles pioram com drogas danosas aos pacientes, é razoável imaginarmos que eles responderão positivamente a drogas que melhorem a condição cardíaca dos indivíduos com a SQTL. Podemos testar inúmeras drogas já conhecidas e outras novas nos cardiomiócitos doentes, e ver quais delas normalizam o eletrocardiograma das células. Essas substâncias serão fortes candidatas a serem testadas em seres humanos.

Esta estratégia vem sendo usada para entendermos os mecanismos moleculares por trás de várias doenças, e identificarmos potenciais novas drogas para seu tratamento. Neurônios criados a partir de iPSCs de crianças com diferentes formas de autismo, ou com doença de Alzheimer, ou ainda mal de Parkinson ou outras doenças genéticas do sistema nervoso podem agora ser estudados em detalhes no laboratório. Que vias metabólicas estão alteradas em cada grupo dessas células? Que drogas são capazes de reverter o defeito celular? A expectativa é de que, utilizando as iPSCs como modelo celular de diferentes doenças, possamos mais rapidamente encontrar alternativas terapêuticas para elas.

5.6 Células-tronco pluripotentes para o desenvolvimento de medicamentos

Pois bem, vimos que as células-tronco pluripotentes, as CTs embrionárias ou as iPSCs, podem ser usadas para terapia celular e para pesquisa básica. A terceira aplicação dessas células é no desenvolvimento de novos medicamentos.

Este é um processo muito longo, que começa com o teste de literalmente milhões de compostos (Figura 19). Desses, alguns milhares serão identificados como promissores para a aplicação desejada, e terão sua formulação melhorada, dando origem a uma centena de compostos. Esses serão testados em modelos animais, até finalmente identificarmos um ou dois que vale a pena testarmos em seres humanos. Chegar a este ponto importante do teste clínico leva em torno de 10 anos e consome uma quantidade enorme de dinheiro. E ainda teremos mais uns 5 anos de testes clínicos para que, se tudo der certo, surja um novo medicamento no mercado (reveja o box "Da pesquisa básica aos testes clínicos", página 34).

Um grande problema que a indústria farmacêutica enfrenta é o fato de, após esses anos de investimentos e pesquisas, cerca de 90% das novas drogas testadas em ensaios clínicos não serem aprovadas, muitas vezes por causarem arritmia cardíaca – uma das razões mais comuns. É muito importante que as farmacêuticas identifiquem as drogas que geram esse tipo de efeito colateral o mais cedo possível, de preferência antes que elas sejam testadas em seres humanos – assim, além de evitar submeter pessoas ao risco de sofrer uma arritmia, essas empresas economizariam tempo e dinheiro no desenvolvimento de novos medicamentos.

Claro, podemos testar as drogas em modelos animais, e isso é feito, principalmente em camundongos. Porém, o coração de um camundongo,

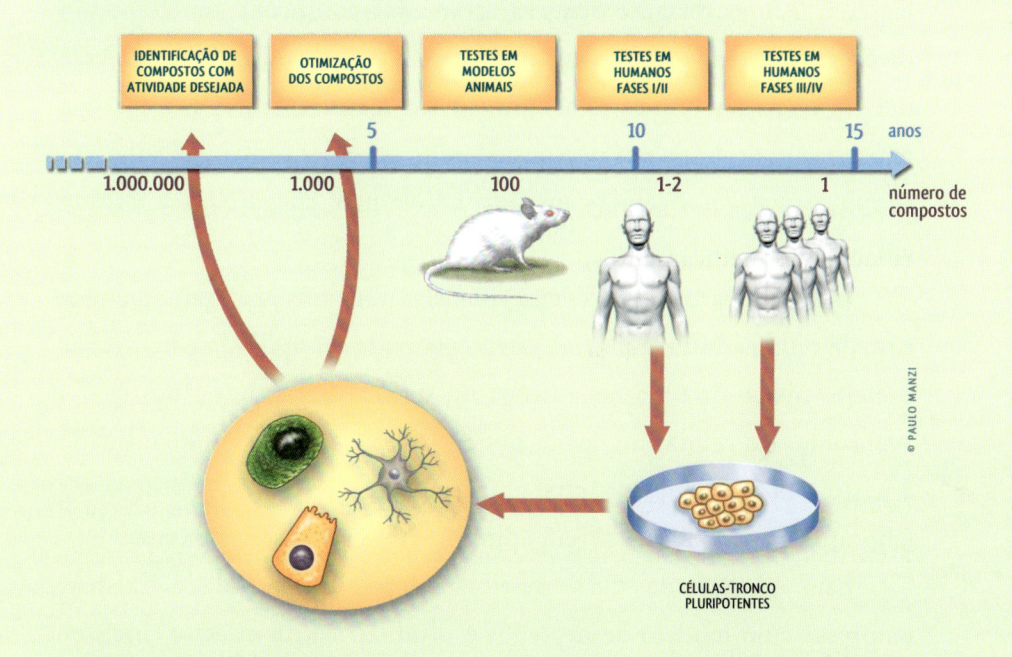

FIGURA 19 – Desenvolvimento de novos medicamentos

Linha do tempo mostrando os anos e o número de compostos testados para se chegar à comercialização de um novo medicamento. Células-tronco pluripotentes são usadas para agilizar esse processo, identificando mais cedo aqueles compostos potencialmente com melhor atividade e mais baixa toxicidade em seres humanos.

que bate 600 vezes por minuto, é muito diferente do nosso, que bate 80 vezes por minuto. Diferenças importantes em tamanho, pressão sanguínea, suscetibilidade a ataque cardíaco e arritmias limitam o valor preditivo dos testes de toxicidade cardíaca nesses modelos. Assim, atualmente não há nenhuma forma efetiva de testar se uma nova droga tem efeitos colaterais cardíacos antes de ela ser testada em seres humanos.

E se pudéssemos testar essa nova droga em tecidos humanos, mais especificamente, em cardiomiócitos humanos?

Da mesma forma como medimos a arritmia nos cardiomiócitos de pacientes com a síndrome do QT longo, podemos agora produzir essas células cardíacas a partir de CTs embrionárias, tratar as células com a nova droga e observar se nessas condições aquele tecido cardíaco humano desenvolve arritmia. O fato de não induzir esse defeito naquelas células não significa, obrigatoriamente, que a droga não causará arritmia em pessoas. Porém, se ela se mostrar de alguma forma tóxica já nas células em cultura, ela nem chegará a ser testada em seres humanos.

E como a partir das CTs embrionárias podemos produzir qualquer tipo de célula adulta, a mesma estratégia pode ser aplicada para avaliar o efeito tóxico de uma nova droga no sistema nervoso, ou no fígado. Neurônios ou células de fígado podem ser produzidos em quantidade a partir das CTs embrionárias, e utilizados no teste dessas drogas em laboratório antes de elas serem administradas em seres humanos.

Esta aplicação das CTs embrionárias já é uma realidade. Existem empresas cujo modelo de negócios é produzir cardiomiócitos, neurônios e hepatócitos derivados de CTs embrionárias humanas, e vender estas células para serem utilizadas em testes de novos medicamentos. Elas já são utilizadas nas etapas iniciais de triagem dos milhões de compostos para identificar aqueles interessantes para a aplicação desejada, e também para os testes de segurança complementando os testes com modelos animais. Assim, antes mesmo de estes tipos celulares serem utilizados em transplantes e regeneração de órgãos, eles já são úteis no desenvolvimento de novos fármacos.

PREVENDO RESPOSTA A DROGAS EM DIFERENTES POPULAÇÕES

Você já deve saber que vários medicamentos geram respostas diferentes em pessoas diferentes. Um exemplo disso são os antidepressivos. Existem vários tipos desses remédios, e cada um deles vai funcionar somente para um subgrupo de pacientes. Por quê?

Temos pelo menos duas explicações possíveis: podem existir diferentes causas básicas de depressão, e cada droga vai conseguir tratar um tipo específico desta doença; e cada pessoa pode metabolizar de forma diferente os medicamentos, fazendo que eles tenham um efeito maior ou menor em seu organismo.

Mas o que determina como eu metabolizo um medicamento?

Vários fatores, incluindo sua idade, seu estado de saúde e sua alimentação – mas principalmente seus genes! Sim, nossos genes também influenciam a forma como uma droga é absorvida, processada, transportada e eliminada pelo nosso organismo. E pequenas variações nos nossos genes geram pequenas variações em cada um desses processos – e, em conjunto, essas variações farão que em uma pessoa a droga exerça bem sua função terapêutica, e em outra não. O estudo de como variações nos nossos genes, no nosso genoma, afetam a nossa resposta a drogas é chamado de **farmacogenética**.

Já existem alguns exemplos de sucesso da farmacogenética. É o caso da fluoxetina, um tipo de antidepressivo mais conhecido pelo seu nome comercial, Prozac. Para saber que dose de fluoxetina o paciente deve tomar, o médico pode pedir a análise dos seus genes *CYP* – dependendo da variação deles que o paciente tenha, ele metabolizará a droga com maior ou menor rapidez. Se ele for um metabolizador rápido, precisará de doses maiores da droga para manter uma concentração adequada em seu corpo durante muito tempo. Se for um metabolizador lento, deverá tomar doses menores de fluoxetina.

Porém, mais grave do que um medicamento não surtir efeito é ele ser tóxico. Para você ter uma ideia da dimensão desse problema, na Inglaterra um em cada quinze casos de admissões hospitalares deve-se a reações adversas a medicamentos, enquanto nos EUA 2 milhões de pacientes por ano apresentam reações adversas graves e, entre eles, 100 mil morrerão. Da mesma forma que nossos genes influenciam o quanto uma droga é eficaz para nós, eles também influenciarão o quanto ela é tóxica.

Resumindo, medicamentos podem não funcionar e/ou causar efeitos tóxicos em algumas pessoas. Mas, então, como se decide quando um novo medicamento pode ser liberado para uso em pacientes?

Pelos critérios atuais da indústria farmacêutica, para uma nova droga ser aprovada para comercialização ela precisa funcionar bem em somente 30% das pessoas testadas. Porém, essas drogas são testadas em populações gerais na Europa e nos EUA, e são vendidas em países em desenvolvimento sem o conhecimento do quão efetivas ou seguras seriam para estas outras populações.

Mas por que uma droga se comportaria de forma diferente em outros países? Porque, apesar de cada pessoa de um país ter um genoma único, pessoas de uma mesma população tendem a ter as mesmas variações em seus genomas. Ora, já vimos que variações nos nossos genes influenciam a resposta a drogas. Algumas dessas variações genéticas podem ser mais frequentes em uma população do que em outra, tornando aquela população mais suscetível, em média, aos efeitos adversos de uma droga.

Vejam o exemplo de um remédio para insuficiência cardíaca chamado BiDil. Inicialmente, esse medicamento foi testado em uma população de norte-americanos brancos, e não se mostrou eficaz. Porém, em um segundo estudo clínico, feito somente com norte-americanos de origem africana, viram que o BiDil diminuiu significativamente as chances de morte após insuficiência cardíaca naquele grupo. Assim, em 2005 BiDil tornou-se o primeiro medicamento aprovado para uso em uma população específica – no caso, em pacientes que se autoidentificam como negros. Essa população possui variantes genéticas que fazem com que respondam muito melhor a esse medicamento do que indivíduos brancos.

Mas, se tivermos de testar cada nova droga em diferentes populações, isso aumentará enormemente o custo e o tempo para a comercialização de novos medicamentos! É verdade, e por isso precisamos de alternativas aos testes clínicos. E aqui entram as iPSCs.

Em vez de testar uma droga em vários indivíduos de várias populações diferentes, que tal testá-la em células de várias pessoas dessas populações?

Sim, podemos fazer iPSCs de várias pessoas diferentes, representando uma população específica – seja ela norte-americana, indiana, japonesa ou mesmo brasileira. E antes de iniciar testes desta droga em uma dessas populações, poderemos testá-la na população de células para avaliar sua toxicidade na mesma. Assim, a ideia é que, com essas bibliotecas de células, poderemos prever efeitos adversos ou variações na eficácia de uma nova droga em cada uma das várias populações humanas, mesmo sem as testar em pessoas.

Como já disse, os testes em células em cultura também não são perfeitos, e ainda precisaremos, eventualmente, testar novas drogas em seres humanos antes de finalmente aprovar sua comercialização. Porém, imaginem um cenário comum, onde existem 5 drogas candidatas na fila para serem testadas em pacientes – por qual começar? Os testes em células poderão ajudar-nos a identificar mais rapidamente as drogas mais promissoras, para que concentremos nossos esforços nelas.

PREVENDO A RESPOSTA A DROGAS – MEDICINA INDIVIDUALIZADA

Apesar de reconhecermos a importância da genética para a farmacologia, ainda conhecemos pouco sobre os genes de respostas a diferentes drogas, e atualmente o médico saberá se um medicamento causa, por exemplo, arritmia no seu paciente, só após o indivíduo ter passado por esse grande desconforto. Já vimos que podemos usar as CTs pluripotentes para descobrir novos medicamentos e para testar o efeito deles em diferentes populações. Mas, dentro de uma população, haverá indivíduos que respondem bem e outros que respondem mal ao medicamento – qual deles sou eu?

Boa pergunta. Como vimos, populações tendem a ter variantes genéticas em comum, mas cada indivíduo tem um genoma único, e assim terá a sua própria resposta àquele medicamento – como prever isso?

De novo, com as iPSCs. Imagine se, antes de receitar um medicamento para o paciente, pudéssemos testá-lo em um pedaço de seu músculo cardíaco no laboratório para ver se ele provoca arritmia? O difícil seria o paciente concordar em fazer uma biópsia de coração para isso... Mas se eu fizer uma biópsia de pele desse indivíduo, e a partir dela fizer as respectivas iPSCs, eu terei uma fonte ilimitada de cardiomiócitos do meu paciente. E esse tecido cardíaco será usado para testarmos sua suscetibilidade àquele medicamento no laboratório. É só eu colocar a droga na cultura de cardiomiócitos derivados das iPSCs do paciente e medir se as células sofrem com isso.

Seguindo o mesmo raciocínio, podemos produzir neurônios para testar a efetividade de um antidepressivo, ou células hepáticas para medir a velocidade de metabolização de alguma droga para cada paciente. Ou seja, mesmo antes de conhecermos os genes que controlam a resposta a cada droga, poderemos praticar a medicina personalizada utilizando as iPSCs para prever como o paciente responderá a um determinado medicamento. Quem sabe, daqui a algum tempo cada um de nós terá suas iPSCs estabelecidas para serem testadas antes de nos receitarem um remédio.

6

Terapia celular – promessa ou realidade?

Espero que até aqui eu tenha conseguido demonstrar as grandes perspectivas terapêuticas dos diferentes tipos de CTs, as adultas e as pluripotentes (sejam elas CTs embrionárias ou iPSC). Além disso, com as CTs embrionárias e, principalmente, com as CTs adultas, já demos o grande passo de pesquisas em modelos animais para testes em seres humanos para várias doenças.

Porém, é fundamental ficar claro que **esse tipo de terapia ainda está restrito ao âmbito de pesquisa**. Ou seja, embora os resultados do uso das CTs no tratamento daquelas doenças sejam promissores, nenhum médico pode receitar essa terapia para seus pacientes. Até 2011, o único tratamento com CTs consolidado era o transplante de medula óssea ou de sangue de cordão umbilical para o tratamento de doenças do sangue (Tabela 2, na página 40).

Mesmo assim, infelizmente existe em vários países um grande comércio clandestino de tratamentos milagrosos com CTs, que explora o desespero de pacientes e familiares na busca de alternativas terapêuticas para doenças hoje incuráveis. Clínicas anunciam na internet tratamentos com CTs para esclerose múltipla, lesão de medula, câncer, ELA e até Aids, entre outras doenças, valendo-se de brechas na legislação de seus países. A comunidade científica repudia veementemente essas práticas, não fundamentadas experimentalmente, aéticas, e que submetem os pacientes a riscos desnecessários.

Algumas famílias argumentam que não têm nada a perder com essas tentativas, mas se enganam. Em 2009, o resultado de um desses tratamentos ilegais com CTs oferecidos em uma clínica na Rússia foi relatado: o desenvolvimento de múltiplos tumores no cérebro de um menino que buscava tratamento para sua doença neurodegenerativa [32]. A análise do material genético dos tumores revelou que eles eram formados por células geneticamente diferentes do menino, ou seja, as células injetadas na clínica russa. Além disso, esse exame de DNA dos tumores revelou que foram injetadas naquele paciente células de mais de uma pessoa (ou feto, ou embrião – como saber?).

Em 2011, uma clínica que oferecia tratamento com CTs na Alemanha foi fechada depois da morte de uma criança de 18 meses e de outra de 10 anos submetidas a injeções de CTs no cérebro e na medula espinhal. A clínica operava desde 2007, valendo-se da falta de legislação específica para terapia celular na Alemanha, e já tinha filiais em duas cidades alemãs. Por até 26 mil euros eles prometiam tratar derrame, ELA, paralisia cerebral e esclerose múltipla, entre outras doenças.

Até nos EUA, em 2012 existiam pelo menos duas empresas vendendo tratamentos com CTs adultas (de medula óssea ou de gordura) para várias condições, incluindo regeneração de osso e cartilagem, esclerose múltipla e doença de Parkinson. Essas empresas aproveitam o fato de a legislação para tratamentos com células-tronco ainda estar em construção nos EUA (e em muitos países, afinal esta é uma área muito nova da medicina), e já comercializam suas CTs milagrosas como se fossem tratamentos consolidados.

O mais desconcertante é que alguns pacientes tratados nessas clínicas de fato apresentam alguma melhora, o que torna quase irresistível a vontade de se submeter a esses procedimentos. Será que algum desses tratamentos "clandestinos" tem valor?

Infelizmente, não conseguimos saber... As clínicas não divulgam detalhes sobre os tratamentos – quais as células injetadas, em que quantidade? Em que evidências científicas o tratamento é baseado? Como se comparam pacientes com quadros clínicos equivalentes submetidos e não submetidos ao tratamento? Ou seja, aqueles que apresentam melhora fazem parte de uma fração de pacientes que melhorariam naturalmente, ou podemos de fato atribuir essa evolução ao tratamento com CTs?

Só podemos responder a essas perguntas se houver total transparência na forma como as terapias são desenvolvidas, e se forem realizados testes clínicos bem controlados, incluindo um grupo de pacientes que receba um placebo. E aí eu me pergunto: se alguém descobrir, de fato, uma cura para Alzheimer, paralisia cerebral, ou qualquer outra dessas doenças terríveis, por que não seguir o caminho ortodoxo da pesquisa científica, publicar seus resultados e, dessa forma, além de dar total credibilidade ao procedimento, poder até ser candidato a um prêmio Nobel? Por que preferir ficar na clandestinidade, vendendo isso como um tratamento misterioso e controverso? A única razão que me ocorre é que possa existir algo de errado na tal terapia – seja na sua fundamentação científica, seja nos resultados obtidos com ela.

Atenção, por enquanto não existem tratamentos com células-tronco comprovados para nenhuma dessas doenças – logo, na melhor das hipóteses, as terapias oferecidas por aí deveriam ser tratadas como **terapias**

experimentais, e não como curas milagrosas. Porém, tratamentos experimentais só devem ser realizados em instituições de pesquisa (públicas ou privadas), com a aprovação dos respectivos comitês de ética, e sem nenhum custo financeiro para os pacientes. Entendemos e somos absolutamente solidários com o sofrimento e a ansiedade dos pacientes e familiares que aguardam os tão prometidos tratamentos com CTs. Porém, precisamos primeiro averiguar se essas terapias são seguras, e depois se são de fato eficazes para aquelas doenças, antes de serem consolidadas como um procedimento médico disponível para a população.

O comércio clandestino de terapias com CTs atingiu uma dimensão global assustadora (Figura 20), configurando o chamado "turismo de células-tronco"[33]. Para formalizar o repúdio e combater os "mercadores de CTs", a Sociedade Internacional de Pesquisas com Células-Tronco (ISSCR, do inglês, *International Society for Stem Cell Research* – www.isscr.org), que reúne os principais cientistas do mundo todo que trabalham com essas células, lançou o Manual do Paciente para Terapias com Células-Tronco. Esse manual funciona como um guia para pessoas interessadas poderem avaliar a validade dos tratamentos. Nele são discutidos os critérios para se transformar pesquisa em medicina, como funciona uma pesquisa clínica, e o que perguntar sobre teóricos tratamentos com CTs. O manual foi traduzido para o português, e pode ser encontrado no *site* da Rede Nacional de Terapia Celular (www.rntc.org.br).

No Brasil, a Rede Nacional de Terapia Celular foi criada em 2008 por iniciativa dos ministérios da Saúde e da Ciência e Tecnologia, com os objetivos de estruturar o esforço nacional de pesquisa em terapia celular, reunindo os grupos de pesquisa nesta área e promovendo maior interação entre os mesmos, de forma a ampliar a geração de conhecimento. Além disso, a Rede trabalha na formação de novos profissionais para atuarem em terapia celular, e participa ativamente na elaboração de normas e regulamentações da área junto à Agência Nacional de Vigilância Sanitária (Anvisa).

A Rede conta ainda com oito laboratórios de produção de CTs para uso em seres humanos: os chamados Centros de Tecnologia Celular (CTCs). Esses laboratórios possuem a infraestrutura necessária para a produção de CTs adequadas para uso em seres humanos e, assim, serão responsáveis por fornecer essas células para os grupos brasileiros conduzindo testes clínicos.

FIGURA 20 – O turismo das células-tronco

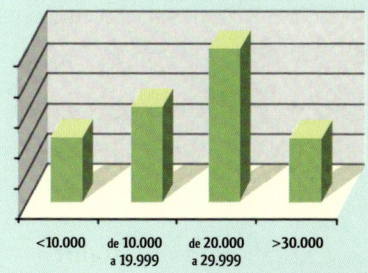

<10.000 | de 10.000 a 19.999 | de 20.000 a 29.999 | >30.000

Locais onde funcionam clínicas que vendem tratamentos não comprovados com células-tronco, e os preços dos tratamentos (em dólares).

© PAULO MANZI

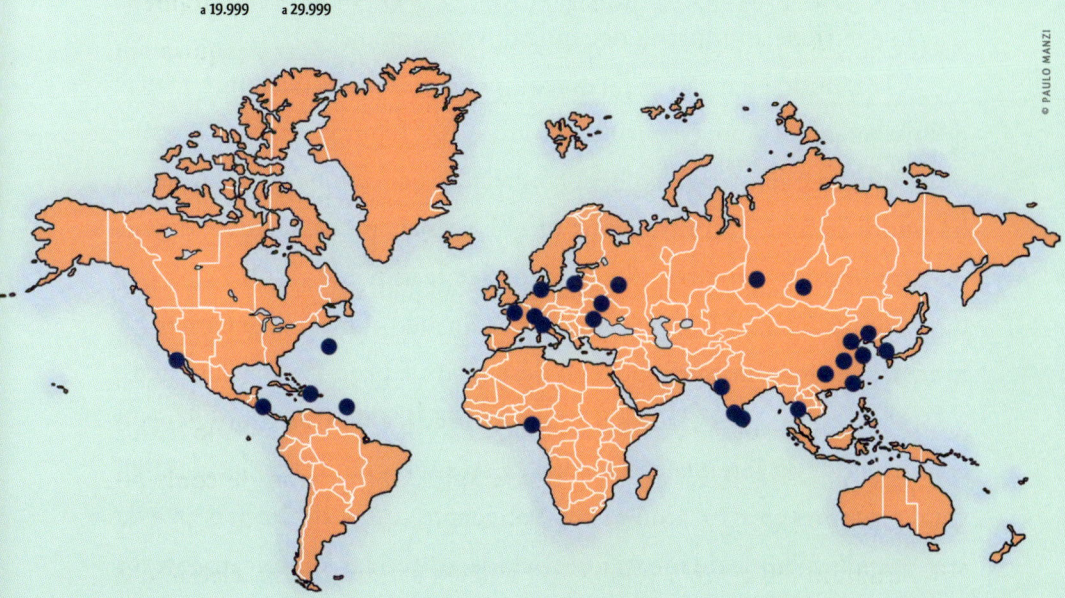

Adaptado de Regenberg A.C., et al. Medicine on the Fringe: Stem Cell-Based Interventions in Advance of Evidence. Stem Cells, Vol 27, p. 2312-2319, 2009.

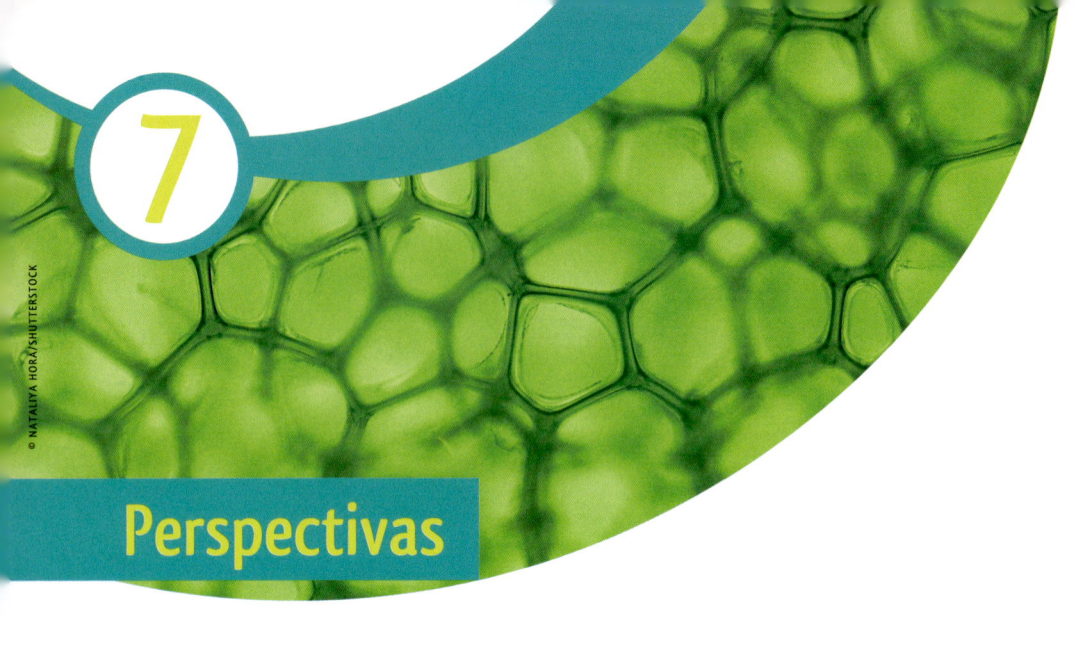

7

Perspectivas

Até recentemente, as intervenções médicas se sustentavam em três pilares. O primeiro deles é o dos **equipamentos médicos**: desde os mais simples, como uma muleta, até equipamentos sofisticados, como tomógrafos e aparelhos de hemodiálise, passando por todos os instrumentos cirúrgicos. Para o desenvolvimento desses equipamentos, utilizamos muitos conhecimentos de física e de engenharia, e sua construção é feita pela indústria de equipamentos médicos.

O segundo pilar são os **fármacos**, pequenas moléculas sintetizadas quimicamente, como a aspirina (21 átomos) (Figura 21). Como a síntese química é um processo bem conhecido, utilizamos esses fármacos há muito tempo. E controlamos tão bem esses processos que, depois de expiradas as patentes, eles podem ser facilmente produzidos por outros grupos, criando o que chamamos de medicamentos genéricos. A indústria farmacêutica tradicional desenvolve e produz esses fármacos.

Um pouco mais tarde surgiram os **medicamentos biológicos**, o terceiro pilar da intervenção médica. Esses são grandes moléculas, em geral proteínas (3×10^3 átomos) ou anticorpos ($2,5 \times 10^4$ átomos). Dada sua grande complexidade, não sabemos sintetizar quimicamente os medicamentos biológicos, e eles têm de ser produzidos por células em cultura (sejam elas células humanas ou até mesmo animais). Ou seja, sua síntese é biológica, feita a partir de um ser vivo (uma célula), e daí o nome medicamento biológico.

Alguns exemplos desse tipo de medicamento são a insulina para diabéticos; o fator IX de coagulação para hemofílicos; e o anticorpo herceptin®, utilizado no tratamento de câncer de mama. As técnicas de manipulação de DNA nos permitem isolar os genes que codificam cada uma dessas proteínas, e colocar várias cópias desses genes em células em cultura. Multiplicamos essas células em grandes quantidades, e a partir daqueles genes elas sintetizam e secretam as respectivas proteínas para o meio de cultura, de onde elas serão purificadas para serem administradas em pacientes.

Porém, enquanto a síntese química é um processo muito bem controlado por nós, não temos o mesmo controle sobre a síntese de uma proteína feita por uma célula. O mesmo DNA do gene da insulina quando colocado na célula A pode gerar uma forma da insulina levemente diferente do que se colocado na célula B. Diferentes células podem fazer diferentes modificações em suas proteínas, e existem inúmeras possibilidades de modificações. E mínimas diferenças podem fazer com que a proteína seja menos ativa, ou sofra rejeição pelo sistema imune. Daí a maior dificuldade de se fazer os "genéricos" dos medicamentos biológicos, que são chamados de biossimilares, para ressaltar esta maior complexidade. Todo esse trabalho dos medicamentos biológicos é conduzido pelas empresas de biotecnologia.

Estamos vivendo o momento histórico do desenvolvimento do quarto pilar da intervenção médica: a **terapia celular**, na qual queremos agora utilizar células ou tecidos como agentes terapêuticos. A complexidade de uma célula (10^{13} átomos?) é várias ordens de magnitude maior

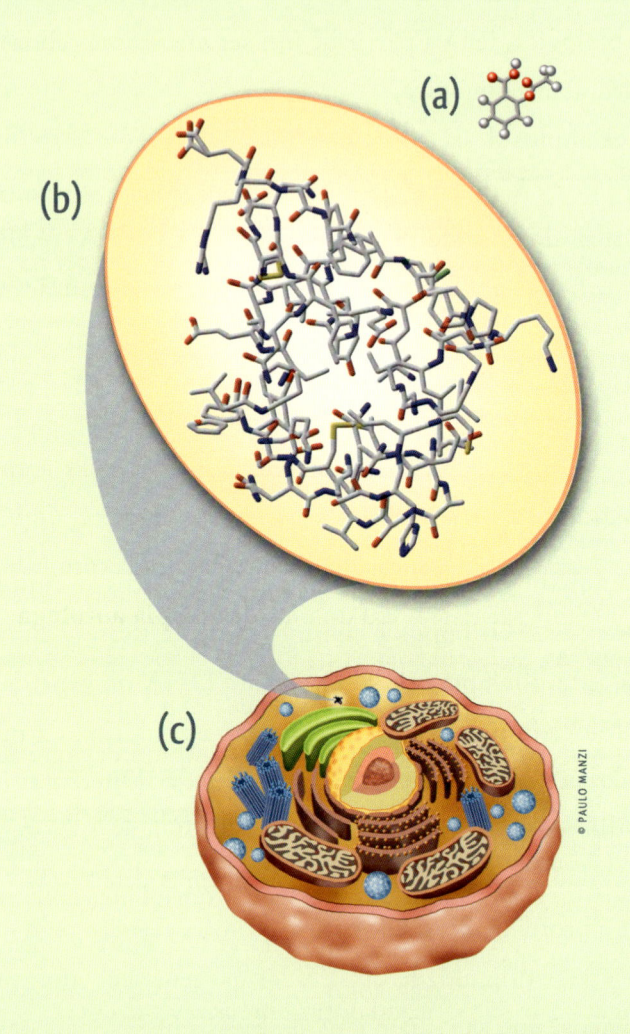

(a) Pequenas moléculas, como a da aspirina, podem ser sintetizadas através de reações químicas bem controladas.

(b) Complexas moléculas biológicas, como proteínas e anticorpos, devem ser sintetizadas por células, de onde são purificadas.

(c) Células são várias ordens de magnitude mais complexa do que essas proteínas. Dessa maneira, o controle de sua produção, para que sirva como agente terapêutico, é ainda mais rigoroso.

do que a de uma proteína. Logo, dependeremos de outras competências para produzir células para terapia, o que configura a indústria de terapia celular como uma indústria ainda em desenvolvimento.

Na terapia celular existem basicamente dois modelos bem diferentes de intervenção. No modelo **autólogo**, células são isoladas/multiplicadas/produzidas especificamente para cada paciente. É o caso dos bancos privados de SCUP, ou de terapias que envolvem a retirada de uma pequena quantidade de células do corpo do paciente, sua manipulação/expansão no laboratório, e a reinfusão das células geradas de volta ao paciente – por exemplo, o que está sendo feito para o tratamento de infarto com CTs cardíacas, e o que se pretende fazer com as iPSCs na terapia celular sob medida. Nesse modelo, a terapia celular assemelha-se mais a um procedimento médico do que à administração de um fármaco. O produto celular deve ser manufaturado individualmente para cada caso, e consiste de células do próprio paciente – daí o nome de **terapia autóloga**.

Já o modelo **alogênico** pretende usar células da mesma forma que usamos fármacos: um conjunto de células de um indivíduo poderia tratar vários pacientes diferentes. É assim que as empresas Geron e Advanced Cell Technology estão desenvolvendo seus produtos derivados de CTs embrionárias para lesão espinhal e regeneração da retina, respectivamente. A partir de uma única linhagem de CTs embrionárias, grandes lotes de células diferenciadas são produzidos, divididos em milhares de doses que são utilizadas em diferentes pacientes.

Esse modelo assemelha-se àquele utilizado na produção de medicamentos químicos e biológicos, e em tese é mais fácil de ser implementado. Enquanto o modelo autólogo é mais artesanal e as células devem ser produzidas sob medida, o modelo alogênico permite a produção em massa das células, que poderiam estar imediatamente disponíveis quando necessário – como um medicamento.

Cada modelo tem suas vantagens e suas limitações, sejam técnicas, financeiras ou de logística. Resta verificarmos qual modelo será viável para que células e para que doenças.

É claro que esses quatro pilares interagem uns com os outros, e produtos da indústria de equipamentos, de fármacos e biotecnológica são fundamentais para o desenvolvimento da indústria de terapia celular. Porém, esta última tem suas peculiaridades, e para que seja desenvolvida de forma adequada precisamos criar regulamentações específicas, de forma a proteger a população de tratamentos perigosos, mas sem impedir o avanço deste novo pilar da medicina.

Em conclusão, nos próximos anos colheremos os frutos de toda a pesquisa básica e clínica feita com os diferentes tipos de CTs (Figura 22). Saberemos quais as células mais adequadas para o tratamento de cada doença; qual o valor terapêutico de outros tipos de CTs mesenquimais, como as da gordura, cordão umbilical e placenta; aprenderemos a isolar e multiplicar mais tipos de CTs tecido-específicas, como as do coração, as germinativas e as do sistema nervoso; conseguiremos controlar a especialização das CTs embrionárias de forma a produzir tecidos seguros para uso em humanos. Assim, finalmente poderemos verificar se os importantes efeitos terapêuticos observados em animais se reproduzem nos pacientes, tratando doença de Parkinson e diabetes, ou ajudando um paralítico a recuperar os movimentos.

Com as iPSCs de pacientes com diferentes doenças genéticas, conseguiremos identificar os mecanismos exatos dessas doenças, e assim desenvolver terapias mais inteligentes para elas. A possibilidade de testar diferentes compostos químicos nas iPSCs dos pacientes facilitará a descoberta de novos remédios para as respectivas doenças. Além disso, o uso de células derivadas de iPSCs para teste do efeito de novas drogas tem o potencial de minimizar os riscos dos testes clínicos em seres humanos e de acelerar o desenvolvimento e comercialização de novos medicamentos.

E mesmo enquanto não pudermos utilizar essas células para terapia, o conhecimento básico sobre biologia humana adquirido nas pesquisas com CTs é extremamente valioso, e certamente se traduzirá de formas indiretas em melhoras na nossa qualidade de vida. Por exemplo, ao entendermos que sinais fazem uma CT de músculo se multiplicar e dar origem a mais músculo (como acontece quando você passa muito tempo na academia de ginástica), poderemos desenvolver drogas que estimulem as CTs de um paciente com atrofia muscular a gerar novo tecido – sem precisarmos injetar nenhuma célula naquele indivíduo.

Apesar da urgência dos pacientes para que as terapias com CTs comecem logo a ser oferecidas, o desenvolvimento científico sério deve ser feito de forma absolutamente responsável, para não submetermos essas pessoas a riscos desnecessários. Vamos lembrar o desenvolvimento das pesquisas em um outro procedimento médico, o transplante de coração. Em 1958, os EUA começaram a fazer experimentos de transplantes de coração em modelos animais. Foram precisos quase 10 anos de pesquisa até os cientistas se sentirem seguros para tentar esse procedimento em seres humanos.

Assim, em dezembro de 1967, um grupo da África do Sul realizou o primeiro transplante de coração no mundo – o segundo foi realizado nos EUA alguns dias depois. Logo em seguida outros grupos de diferentes países começaram também a fazer este procedimento, de forma que, em um ano, mais de 100 transplantes haviam sido realizados no mundo todo, incluindo o Brasil (em 1968, o Dr. Euryclides de Jesus Zerbini realizou o 5º transplante de coração no mundo, 1º no Brasil, no Hospital das Clínicas de São Paulo) – porém, com 80% de mortalidade!

FIGURA 22 – **Sumário dos tipos de células-tronco**

Diferentes tipos de células-tronco identificadas em humanos: (a) embrionárias; (b) fetais; (c) adultas.

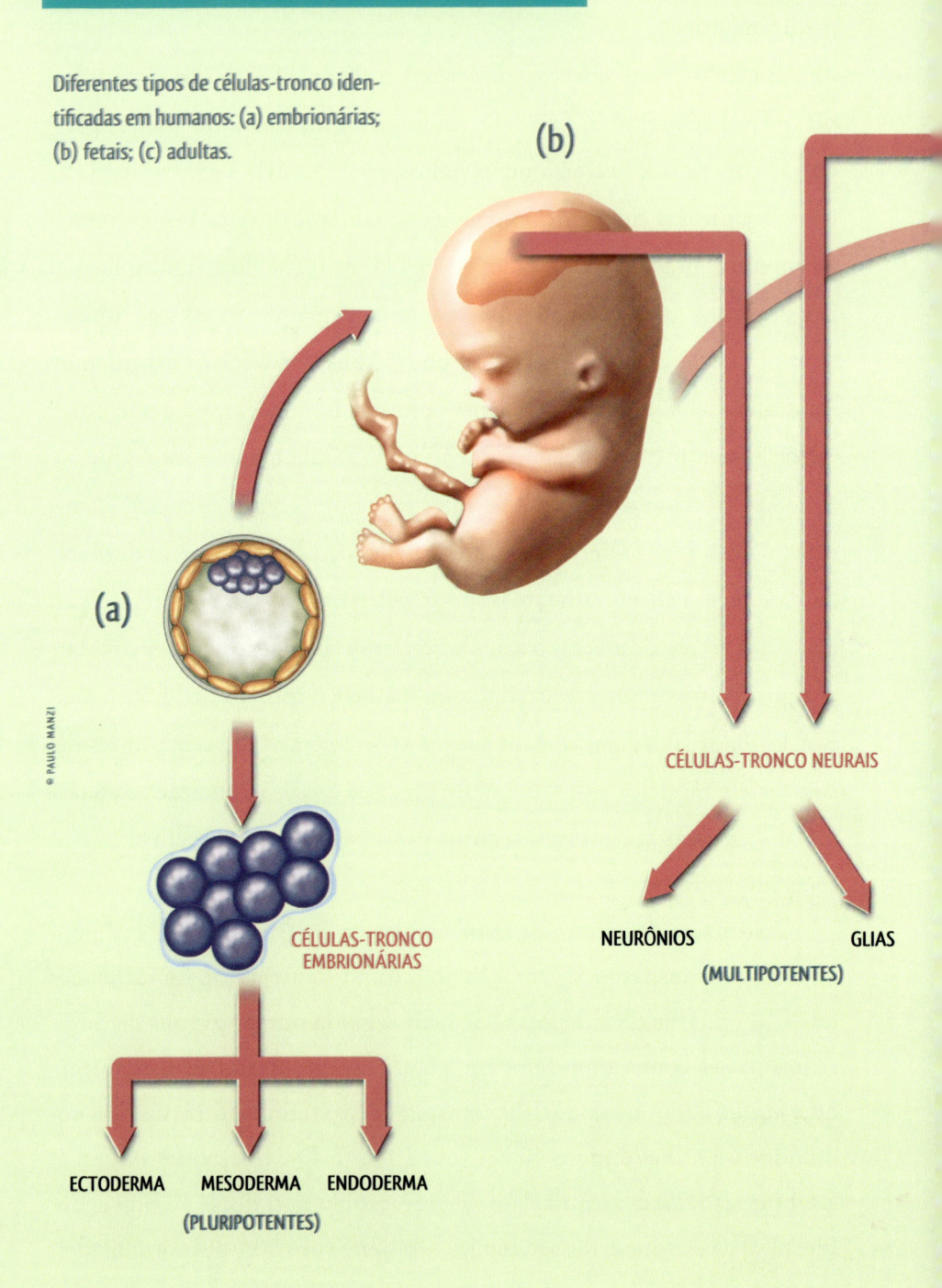

(b)

(a)

© PAULO MANZI

CÉLULAS-TRONCO NEURAIS

CÉLULAS-TRONCO
EMBRIONÁRIAS

NEURÔNIOS

GLIAS

(MULTIPOTENTES)

ECTODERMA   MESODERMA   ENDODERMA

(PLURIPOTENTES)

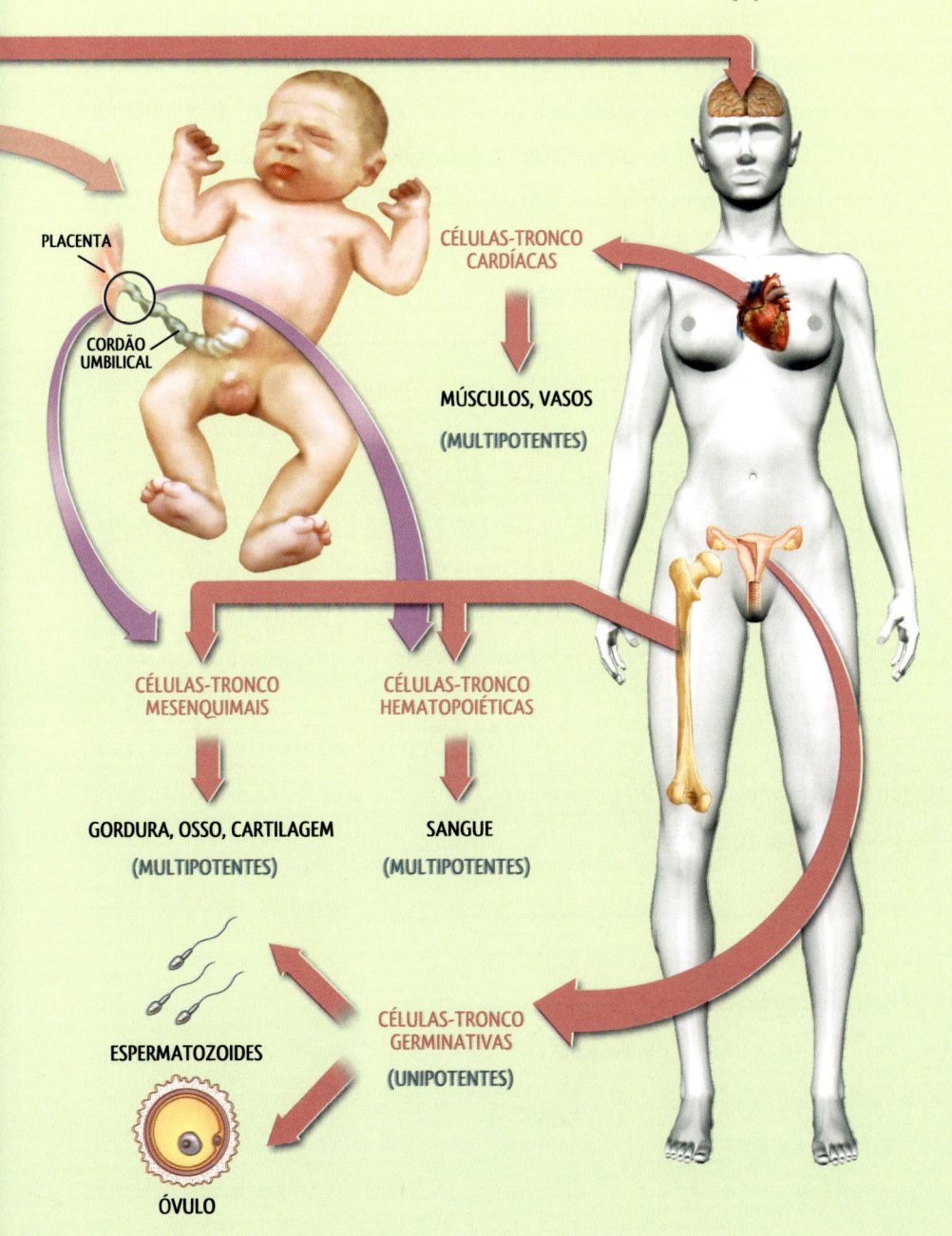

(c)

PLACENTA

CORDÃO
UMBILICAL

CÉLULAS-TRONCO
CARDÍACAS

MÚSCULOS, VASOS

(MULTIPOTENTES)

CÉLULAS-TRONCO
MESENQUIMAIS

CÉLULAS-TRONCO
HEMATOPOIÉTICAS

GORDURA, OSSO, CARTILAGEM

(MULTIPOTENTES)

SANGUE

(MULTIPOTENTES)

ESPERMATOZOIDES

CÉLULAS-TRONCO
GERMINATIVAS

(UNIPOTENTES)

ÓVULO

O que fazer? Interromper os transplantes e abandonar a ideia?

Interromper, sem dúvida, porém investir em aprimorar a técnica de forma a resolver a questão da alta mortalidade. Os pesquisadores voltaram para seus laboratórios, e como aqueles transplantes haviam sido feitos em instituições sérias de pesquisa, de forma bem controlada e documentada, conseguiram logo descobrir que o grande problema era a rejeição do órgão pelo sistema imunológico do paciente. Uma vez identificado o problema, os cientistas sabiam no que trabalhar – descobrir uma forma de controlar o sistema imunológico para que ele não atacasse o coração transplantado.

Depois de dez anos de pesquisas, em 1980 foram finalmente desenvolvidas drogas imunossupressoras que tornaram esse transplante uma realidade terapêutica. Hoje em dia mais de 75 mil transplantes de coração já foram realizados no mundo todo – quase 90% dos pacientes transplantados sobrevivem ao 1º ano pós-cirurgia, e 75% estão vivos 3 anos depois.

Ainda estamos nos primeiros anos da terapia celular. Lembrem-se, os primeiros testes clínicos com CTs embrionárias começaram em 2010. Não devemos esperar resultados milagrosos, e temos também de estar preparados para lidar com os possíveis insucessos, aprendendo com eles e seguindo em frente com as pesquisas. Precisamos das doses certas de entusiasmo, humildade, perseverança, ousadia e responsabilidade para podermos um dia cumprir plenamente as promessas terapêuticas das células-tronco.

Nota final

Dado o dinamismo das pesquisas com CTs, este livro está fadado a ficar desatualizado, principalmente no que diz respeito aos testes clínicos em andamento e a seus resultados. Espero que muitas das promessas terapêuticas das CTs sejam cumpridas ao longo do tempo, e o leitor poderá acompanhar essa evolução no *site*:

<**http://www.ib.usp.br/lance.usp/livroct**>

Nele, encontrará dados atualizados sobre os testes clínicos com as CTs adultas e embrionárias, sobre o uso das células iPSC na compreensão dos mecanismos envolvidos em diferentes doenças e na identificação de novas drogas que as combatam, e sobre a evolução das CTs tecido-específicas para a medicina regenerativa.

Referências bibliográficas

[1]   KRAUSE, D. S. et al. Multi-Organ, Multi-Lineage Engraftment by a Single Bone Marrow-Derived Stem Cell. *Cell*, v. 105, n. 3, p. 369-377, 2001.

[2]   QUAINI, F. et al. Chimerism of The Transplanted Heart. *The New England Journal of Medicine*, v. 346, n. 1, p. 5-15, 2002.

[3]   MEZEY, E. et al. Transplanted Bone Marrow Generates New Neurons in Human Brains. *P.N.A.S.*, v. 100, n. 3, p. 1364-1369, 2003.

[4]   BELTRAMI, A. P. et al. Adult Cardiac Stem Cells Are Multipotent and Support Myocardial Regeneration. *Cell*, v. 114, n. 6, p. 763-776, 2003.

[5]   BOLLI, R. et al. Cardiac Stem Cells in Patients with Ischaemic Cardiomyopathy (SCIPIO): Initial Results of a Randomised Phase 1 Trial. *The Lancet*, v. 378, n. 9806, p. 1847-1857, 2011.

[6]   MAKKAR, R.R. et al. Intracoronary Cardiosphere-Derived Cells for Heart Regeneration after Myocardial Infarction (CADUCEUS): a Prospective, Randomised Phase 1 Trial. *The Lancet*, v. 379, n. 9819, p. 895-904, 2012.

[7]   JOHNSON, J. et al. Germline Stem Cells and Follicular Renewal in the Postnatal Mammalian Ovary. *Nature*, n. 428, p. 145-150, 2004.

[8]   ZOU, K. et al. Production of Offspring from a Germline Stem Cell Line Derived from Neonatal Ovaries. *Nature Cell Biology*, n. 11, p. 631-636, 2009.

[9]   WHITE, Y.A.R. et al. Oocyte Formation by Mitotically Active Germ Cells Purified from Ovaries of Reproductive-Age Women. *Nature Medicine*, n. 18, p. 413-421, 2012.

[10] BRINSTER, R. L. et al. Germline Transmission of Donor Haplo-Type Following Spermatogonial Transplantation. *P.N.A.S.*, v. 91, n. 24, p. 11303-11307, 1994.

[11] HE, Z. et al. Isolation, Characterization, and Culture of Human Spermatogonia. *Biology of Reproduction*, v. 82, n. 2, p. 363-372, 2010.

[12] BONNET, D.; DICK, J. E. Human Acute Myeloid Leukemia Is Organized as a Hierarchy that Originates from a Primitive Hematopoietic Cell. *Nature Medicine*, n. 3, p. 730–737, 1997.

[13] AL-HAJJ, M. et al. Prospective Identification of Tumorigenic Breast Cancer Cells. *P.N.A.S.*, v. 100, n. 7, p. 3983-3988, 2003.

[14] SINGH, S. K. et al. Identification of Human Brain Tumor Initiating Cells. *Nature*, n. 432, p. 396-401, 2004.

[15] LOFFREDO, F.S. et al. Bone Marrow-Derived Cell Therapy Stimulates Endogenous Cardiomyocyte Progenitors and Promotes Cardiac Repair. *Cell Stem Cell*, v. 8, n. 4, p. 389-398, 2011.

[16] EVANS, M. J.; KAUFMAN, M. H. Establishment in Culture of Pluripotential Cells from Mouse Embryos. *Nature*, n. 292, p. 154-156, 1981.

[17] D'AMOUR, K. A. et al. Production of Pancreatic Hormone–Expressing Endocrine Cells from Human Embryonic Stem Cells. *Nature Biotechnology*, v. 24, n. 11, p. 1392-1401, 2006.

[18] THOMSON, J. A. et al. Embryonic Stem Cell Lines Derived from Human Blastocysts. *Science*, v. 282, n. 5391, p. 1145-1147, 1998.

[19] SCHWARTZ, S. D. et al. Embryonic Stem Cell Trials for Macular Degeneration: a Preliminary Report. *The Lancet*, v. 379, n. 9817, p. 713-720, 2012.

[20] CAMPBELL, K. H. S. et al. Sheep Cloned by Nuclear Transfer from a Cultured Cell Line. *Nature*, n. 380, p. 64-66, 1996.

[21] TAKAHASHI, K. et al. Induction of Pluripotent Stem Cells from Mouse Embryonic and Adult Fibroblast Cultures by Defined Factors. *Cell*, v. 126, n. 4, p. 663-676, 2006.

[22] _____. Induction of Pluripotent Stem Cells from Adult Human Fibroblasts by Defined Factors. *Cell*, v. 131, n. 5, p. 1-12, 2007.

[23] VIERBUCHEN, T. et al. Direct Conversion of Fibroblasts to Functional Neurons by Defined Factors. *Nature*, n. 463, p. 1035-1041, 2010.

[24] PANG, Z. P. et al. Induction of Human Neuronal Cells by Defined Transcription Factors. *Nature*, n. 476, p. 220-223, 2011.

[25] SMART, N. et al. De novo Cardiomyocytes from within the Activated Adult Heart after Injury. *Nature*, n. 474, p. 640-644, 2011.

[26] HUANG, P. et al. Induction of Functional Hepatocyte-Like Cells from Mouse Fibroblasts by Defined Factors. *Nature*, n. 475, p. 386-389, 2011.

[27] SZABO, E. et al. Direct Conversion of Human Fibroblasts to Multilineage Blood Progenitors. *Nature*, n. 468, p. 521-526, 2010.

[28] CAIAZZO, M. et al. Direct Generation of Functional Dopaminergic Neurons from Mouse and Human Fibroblasts. *Nature*, n. 476, p. 224-227, 2011.

[29] SON, E. Y. et al. Conversion of Mouse and Human Fibroblasts into Functional Spinal Motor Neurons. *Cell Stem Cell*, v. 9, n. 3, p. 205-218, 2011.

[30] DIMOS, J. T. et al. Induced Pluripotent Stem Cells Generated from Patients with ALS Can Be Differentiated into Motor Neurons. *Science*, v. 321, n. 5893, p. 1218-1221, 2008.

[31] ITZHAKI, I. et al. Modelling the Long QT Syndrome with Induced Pluripotent Stem Cells. *Nature*, n. 471, p. 225-229, 2010.

[32] AMARIGLIO, N. et al. Donor-Derived Brain Tumor Following Neural Stem Cell Transplantation in an Ataxia Telangiectasia Patient. *PLOS Medicine*, Cambridge, v. 6, n. 2, 2009.

[33] REGENBERG A.C.,et al. Medicine on the Fringe: Stem Cell-Based Interventions in Advance of Evidence. Stem Cells, Vol 27, p. 2312-2319, 2009.

Os links deste livro foram acessados em julho de 2013.